차라는 취향을
가꾸고 있습니다

차라는 취향을
가꾸고 있습니다

차 생활자가 전하는 열두 달의 차 레시피

글 여인선 사진 이현재

○ 작가의 말 — 여인선 / 글

원고를 마치고 나니 일출 시간입니다. 해를 기다리다
구름이 지나가는 속도를 느꼈습니다. 아주 느리지만 빛을
온몸에 물들이며 조금씩 움직이고 있습니다. 5분도 안 되는
시간이 영원처럼 길게 느껴집니다. 구름이 해가 돋길 천천히
기다리듯, 차는 내 마음이 차오르길 가만히 기다려줍니다.
차를 내리는 것은 내게 어떤 의미냐는 질문을 받았습니다.
한참을 고민하다 나를 아껴주는 시간이라고 답했습니다.
직업상 단 5분, 차 한 잔 내릴 마음의 자리가 없을 때가
많습니다. 그래서 이 책을 쓸 자격이 있을까 걱정이 되기도
했습니다. 하지만 차에 대한 글을 쓰는 것 또한 나에게
친절해지는 시간이었습니다. 본문에 좋아하는 것을
단순하게 말하는 사람이 되고 싶지 않다고 썼는데, 어느새
자꾸 무언가를 좋아한다는 말을 적고 있더군요. 차에 대한
책을 쓰며 내게 소중한 것들을 꺼내 볼 수 있어 감사했습니다.
차에 대한 부족한 지식을 이런저런 얘기로 늘어놓았는데,
돌이켜보니 완전한 나의 말은 하나도 없었습니다. 모두
고마운 차의 인연들이 들려주신 이야기를 조각조각 모은

것들입니다. 차의 인연은 참 신기해서 차를 마신다고 말하자, 결이 맞는 귀한 분들과의 만남이 생겼습니다. 초보 차인에게 좋은 차의 맛을 보여주시고, 차를 마시는 마음을 알려주시고 배움이 필요할 때마다 시간과 공간을 아낌없이 내어주신 선생님들께 진심으로 감사드립니다. 부족한 책을 이렇게 내어놓는 것으로, 저 또한 출발점에 선 누군가에게 좋은 차의 인연이 되고 싶다는 마음을 표현해봅니다.

마지막으로 차에 대한 책을 만들어보자고 먼저 제안해주시고, 바쁘면서도 까다로운 저자 때문에 끝까지 고생하신 길벗의 백혜성 편집자님께 진심으로 감사드립니다. 그동안의 작품도 너무 멋졌지만, 이현재 감독은 제가 직접 차를 내리는 모습과 집에서 쓰는 다구들을 감각 있는 사진으로 남겨주었습니다. 상상했던 것보다 훨씬 멋진 디자인으로 페이지마다 생명을 넣어주신 아치울 스튜디오에도 감사하다는 말을 꼭 전하고 싶습니다.

* 2020년 10월, 나의 작은 다실에서

○ 작가의 말 — 이현재 / 사진

영화 연출이 본업인 제가 처음 차를 접하게 된 건 역시나
카메라 앵글을 통해서였습니다. 뷰파인더를 통해
차를 우리는 모습을 가만히 바라보고 있자니 묘하게
빠져들더군요. 마치 어릴 적 캠프파이어에서 불을 보고
멍하니 있게 되던 것처럼요. 춥지만 따듯했던 밤, 부드럽지만
넓게 닿던 불빛, 또로록 잔향으로 남아 긴 밤을 채우던
찻물 따르는 소리. 찻잔을 채운 차는 마시지 않았는데도
향으로 먼저 인사를 건네오는 느낌이었습니다.
그렇게 차를 마시게 되었고 지금은 그 아름다움을 담은
영화적인 콘텐츠로 차를 소개하는 브랜드도 운영하게
되었습니다. 하지만 아직도 마셔본 차보다 그렇지 못한 차가
훨씬 많고, 마셔본 차 역시 아직은 데면데면하여 알아가야
할 길이 많이 남았습니다. 그래도 하루에 한두 잔씩 차에
시간을 내어주다 보니 하나 알게된 건, '아, 나는 정말 차가
필요했구나'라는 생각입니다.
저는 보통 조급합니다. 마음은 급한데 해야 할 일은
쌓여있다 보니 어느 것 하나도 마음 붙여서 해내기가

어렵습니다. 발만 동동대다가 하기로 한 일은 어설프게
마무리되고 자책하는 마음만 커집니다. 그러면 다음엔
더 잘해야지 하는 앞선 의욕이 결국 다시 조급함이
되어버립니다. 뜬구름을 걷듯 부유하는 일상입니다.
차는 그런 저에게 현재에 머무를 수 있도록 잡아주는
중력과도 같습니다. 아침에 일어나 마실 찻잎과 그에
어울리는 다구를 고르고, 적당한 온도의 물을 끓여 적당한
시간을 우려내는 동안은 다른 생각이 끼어들 틈이 없습니다.
살짝 덜 우려내면 비싼 찻잎의 향이 모두 우러나오지 않아
아쉽게 되고, 조금 더 우려내면 떫어지기에 십상이거든요.
그래서 저는 찻잎이 우러나는 동안 마음속으로 한 가지
생각만 하는 편입니다. 하나, 둘, 셋, 넷... 그저 찻물이
우러나는 시간을 세는 거죠. 그렇게 지난 후회와 앞선
걱정은 문밖에 두고, 지금 이 순간 두 손안에 따뜻함을
우려내어 온몸을 적시는 것. 이 책의 사진들은 그런 마음으로
찍었습니다. 우연히 이 책을 쥐게 된 여러분의 두 손에도
그 따뜻함이 우러났으면 좋겠다는 한 가지 생각 말이에요.

차 례

남보다

예민한 영혼을 위한

완벽한 취향

서른이 넘어서야 내가 남들보다 예민한 편이라는 걸 알았습니다. 그동안 내 성격이 둥글둥글 편하다고 생각했습니다. 살다 보니 나는 싫어하는 것이 은근히 많은 까다로운 사람입니다. 예를 들면 '인더스트리얼(industrial) 인테리어'라며 개방형으로 천장을 뚫어놓은 공간에 오래 머무는 것이 불편합니다. 시야는 시원하지만 소음을 흡수하지 못하는 것이 문제입니다. 이야기 소리가 여기저기 크게 울려 머리가 지끈거립니다. 그런 공간은 오디오까지 크게 틀어놓는 경우가 많죠. 귀가 더 괴로워집니다. 그래서 요즘은 누군가와 약속 장소를 정할 때 맛집 못지않게 그곳의 환경에 대해 열심히 고민합니다.

겉보기엔 둥글둥글해도 속은 민감한 저 같은 사람이 왕왕 있나 봅니다. 다른 사람들보다 환경과 사회적 자극에 예민한 사람을 일컫는 심리학 용어도 있더군요. HSP(High Sensitive Person)[1], 해석하면 매우 예민한 사람입니다. 적지 않은 사람들이 이런 성향을 갖고 있고, 감각이 발달해 문학적, 예술적 재능이 뛰어난 경우도 많다고 하니 나쁜 것만은 아니라고 스스로 위로합니다.

알고 보면 초예민한 나. 어울리지 않게도 사람 좋아야 살아남는 언론계 밥을 먹고 있습니다. 그것도 늘 새로운 환경과 사람을 마주쳐야 하는 기자로 말입니다. 일할 때는 인더스트리얼 인데리어건 진짜 공장이건 어디든 잘 적응합니다. 싫은 티를 잘 내지 않고 다른 사람에게 맞춰주는 편이기 때문에 스스로 성격이 원만하다고 착각했던 것 같습니다. 나중에 알고 보니 초예민한 사람(HSP)들의 특징 중 하나가 타인의 기분과 감정에 대한 공감 능력이 탁월한 것이라고 합니다. 모든 면에서 감각의 왕인 거죠.

싫어하는 것은 선택의 여지 없이 싫다는 감정이 생겨버리지만, 좋아하는 것이 뭐냐고 물어보면 갑자기 생각이 많아집니다. 이 질문에는 단순하게 답하면 안 될 것 같습니다. '풀벌레 소리, 가을, 아이보리색....' 이렇게 좋아하는 것을 나열하는 것만으로는 부족한 듯합니다.

'취미'나 '선호'라는 말보다 '취향'이라는 단어가 멋지다고 생각합니다. 취향(趣向)의 사전적 정의는 '하고 싶은 마음이 생기는 방향'입니다. 자신이 좋아하는 것을 섬세하게 고르고 그것을 향해 나아가는 모습이 그려집니다. 그러고 보니 '취향을 가꾼다'는 말도 멋집니다. '가꾼다'는 표현이라니. 화분도 아닌데 말이에요. '가꾸고 있다'니까 지식과 경험은 조금 부족해도 괜찮을 것 같습니다. 정원을 보살피듯 아름다운 것을 찾고 키우는 모습 자체로 근사합니다.

예민한 귀의 문제로 돌아가보겠습니다. 귀가 민감해서 쉽게 지치는 편이라 처음 들었을 때 좋은 느낌이 없으면 웬만한 음악을 편하게 듣지 못합니다. 그나마 편안하게 듣는 것이 클래식인데, 음악적 지식이 부족해서 멜로디를 쉽게 잊어버리는 것이 아쉽습니다. 라흐마니노프의 '파가니니의 주제에 의한 랩소디', 이 곡은 처음 듣는 순간 모든 악장이 뇌리에 강렬하게 남았습니다. 세찬 비처럼 달리던 피아노 연주가 현악기의 리듬에 몸을 실어 감미로운 랩소디 파트로 흐르는 순간. 매번 마음이 사르르 녹아내립니다. 푹 빠져서 각종 연주를 찾아 듣다가 1956년도 백발의 피아니스트 아르투르 루빈스타인이 한음 한음 손끝마다 혼을 담아 연주하는 영상을 찾았습니다. 클래식을 여전히 잘 모르지만 라흐마니노프를 좋아하는 사람을 만나면 그 연주를 찾아 들어보라고 추천하곤 합니다. 그동안 정원처럼 가꿔온 나만의 취향을 수줍게 드러내는 순간입니다.

차는 조금 예민하고 까다로운 사람에게 잘 어울리는 취향입니다. 이를테면 물의 문제가 그렇습니다. 차를 마시다 보면 어느 순간 물의 맛까지 섬세하게 신경 쓰게 됩니다. 남원에서 차를 만드는 선생님은 비가 오면 그 동네 지하수 맛이 변한다며 차맛을 걱정했습니다. 전기 포트가 물맛을 망친다며 안에 있는 플라스틱 부품을 떼어내는 선생님도 있습니다. 차를 마시는 사람들끼리는 서로 어떤 생수가 좋더라고 추천합니다. '물은 차의 몸이다'라는 옛말이 있을 정도입니다. 물맛을 고민하는 차인들의 모습이 처음엔 신기하다고 생각했습니다. 일반인은 알아차릴 수 없는 고수들만의 영역이라고요. 그런데 물맛이 별로이면 차맛이 별로인 게 맞더군요. 자주 가던 찻집에서 차맛이 이상해져 물었더니 주인이 생수를 다른 브랜드로 바꿨다고 했습니다. 차를 마시는 감각이 조금 더 가꾸어졌다고 느낀 순간이었습니다.

물만 문제가 아닙니다. 같은 찻잎이어도 어떤 사람이 우리냐, 어떤 다구로 우리냐, 심지어 어떤 날씨에 우리냐에 따라 차맛은 끊임없이 변합니다. 그 미묘함 속에서 더 나은 차의 시간을 추구하는 사람들의 모습은 마치 순례자 같습니다.

남들보다 조금 더 예민하다는 것은 때론 고통이 되기도 합니다. 세상 모든 것에 곤두서 있으니까요. 그래서 섬세하게 느껴야 하는 차를 찾게 됩니다. 따뜻한 차 한 잔을 느끼며 감각이 소란스러워지는 동안 머릿속은 오히려 조용해집니다.

일상에 차 마시는 시간을 들이는 것은 멋진 일입니다. 차의 시간만이 줄 수 있는 것들. 지금부터 그런 얘기를 해보려 합니다.

1

차 한 잔 해요.

당신에게도 이 취향을 조심스럽게 권해봅니다.
찻물을 끓이고 찻잎이 우러나는 것을 보는 동안
세상의 시간은 상대적으로 느려집니다.
조금 더 특별한 차의 시간을 위해 알아두면
좋은 것들을 소개합니다.
천천히 천천히 알아가도 좋습니다.

차만의 무엇

차의 시간

평일 오후 1시 광화문. 점심을 함께한 사람들과 자주 가는 카페로 향합니다. 카페 안은 여지없이 사람들로 붐비고 이야기 소리들이 천장을 타고 소음으로 왕왕 울립니다. 벽면 조각 거울에 비친 내 모습이 소음과 인파에 질려 창백하고 위축되어 보입니다. 긴 줄을 서고 차례가 되면 뜨거운 아메리카노 혹은 차가운 아메리카노 둘 중 하나를 말하겠죠. 차갑거나 뜨거운 컵의 감촉이 손바닥에 확 닿는 순간 얼른 일하라고 재촉당하는 기분일 것 같습니다. 커피 한잔의 휴식과는 거리가 멉니다. 직장 동료들에게 나직이 말합니다.

— 저 먼저 들어갈게요.

차 시간 선언입니다.

사무실 내 자리 한편에 작은 차판이 놓여 있습니다. 오후 1시, 사무실은 아직 조용합니다. 책상에는 전기 포트가 준비돼 있습니다. 물 끓는 소리가 울립니다. 어떤 차를 마실까 고민합니다. '핫' 또는 '아이스'보다 좀 더 섬세한 고민입니다. 고운 찻잎을 꺼내서 다관(찻주전자)에 넣고 뜨거운 물을 붓습니다. 바리스타 대신 내가 나를 위해 내리는 한잔입니다. 맛과 향을 하나하나 느껴봅니다. 혼자서 찻잎을 몇 번이나 우려 마시는 동안 심심하지 않습니다. 손에 들고 있는 찻잔을 가만히 살펴보기도 합니다. 시간이 두 배로 천천히 흘러갑니다. 차를 생각하며 중간중간 자연스럽게 내 마음도 살핍니다.

'아까 그 사람 말에 상처받은 게 아닐까?'

'오늘 저녁 약속은 미루고 쉬어야겠다.'

커피 마시는 시간은 생각을 깨워주지만 차 마시는 시간은 생각을 정리하게 해줍니다. 차 한잔을 내려 마시며 휴식보다 깊은 힘을 얻었습니다. 오후에는 더 단단한 사람이 되어 있을 것 같습니다.

차의 공간

차 내리는 도구가 하나둘 늘어나면서 집 베란다에 작은 다구장을 하나 들여놓았습니다. 차판도 하나 놓고 창밖을 보면서 가끔 차를 내려 마시니 그럴듯한 다실입니다. 재미 삼아 유튜브에 '인선다실'이라는 영상을 몇 개 올렸더니 지인들이 진짜 다실인 줄 알고 초대해서 차를 내려달라고 합니다. 부모님과 함께 사는 집이라 난감합니다. 중국 젊은 여성들의 로망 중 하나가 자기만의 다실을 갖는 것이라고 합니다. 제대로 된 다실은 생활 공간과 분리되어 있고 아름다운 풍경이나 정원도 볼 수도 있어야 한다고 하니 보통 사람들이 쉽게 이룰 수 있는 꿈은 아니죠. 지인들과 차를 내려 마시며 느긋하게 신선놀음을 할 수 있는 다실이 있으면 좋겠습니다. 취미가 이렇게 욕심을 키웁니다.

수류화개실(水流花開室), 물이 흐르고 꽃이 피는 곳. 법정 스님이 손님들과 차를 마시거나 혼자 명상을 했다는 암좌 다실의 이름입니다. 어느 날 젊은이가 찾아와서 물었습니다.

— 스님, 수류화개실이 어디입니까?

그러자 스님이 대답했습니다.

— 네가 서 있는 바로 그 자리다.

내가 있는 곳이 어디든 맑은 물이 흐르게 하고 향기로운 꽃을 피울 수 있다는 뜻입니다. 공간보다 마음이 중요하다는 가르침인가 봅니다. 실제로 법정 스님의 수류화개실은 1평도 되지 않는 자그마한 공간이었다고 합니다.

조그만 방이지만 이 방에 겨울철 햇살이 들어오는 오후 한때
혼자서 차를 마시면서 다기를 매만지고 있으면 참으로 넉넉하고
충만한 내 속뜰이 열린다.
법정, 『텅 빈 충만』[2)]

스님이 쓴 한 문장에서 차를 마시는 사람의 소박한 즐거움을 느낍니다. 나도 차를 마시며 마음속 다실을 열어봅니다. 찻물을 넘기며 냇물처럼 순한 생각을 흐르게 하고, 향을 음미하며 고운 생각만 피우려 합니다. 정원이 보이는 다실이 아니면 어때요. 집 베란다, 사무실 책상, 차를 마시는 마음이 행복하다면 그곳이 어디든 수류화개실입니다.

차의 위로

옆자리에 앉은 작가 언니는 개인적으로나 일적으로 힘든 일이 많아서 결국 회사를 그만뒀습니다. 어느 날 뜬금없이 난초 화분을 사무실에 가져와 키우기도 했는데, 그만큼 마음이 복잡했나 봅니다. 푹푹 한숨 쉬는 소리에 괜찮냐고 물어보기도 했지만 내 일이 바빠 그냥 지나친 적이 많았습니다. 시간이 지날수록 언니도, 난초도 시들해졌습니다.

언니의 화가 차오를 때 함께 술을 마시기도 했습니다. 하지만 화나는 일이 있을 때 술을 마시면 화가 더 커지는 듯합니다. 술잔을 기울이며 화를 불러일으킨 이야기를 신나게 떠들고 나면 속이 시원하면서도 허무함이 밀려들었습니다.

무슨 고민이 있는지 그날도 작가 언니는 우울한 표정으로 앉아 있었습니다. 나는 말을 거는 대신 전기 포트의 버튼을 눌렀습니다. 물이 끓자 달그락달그락 정성스럽게 차를 한 잔 내려 건넸습니다.

— 작년에 중국 여행 갔을 때 사 온 거야. 홍차인데 고구마처럼 달고 시원해.

회사일, 고민거리는 접어두고 차 이야기를 했습니다. 언니는 처음 마셔보는 중국 홍차가 신기하다며 표정이 밝아졌습니다. 훗날 언니는 '그 차 한 잔을 마실 때 비로소 숨을 쉴 수 있었다'고 말했습니다. 내가 내린 차 한 잔이 짓눌린 가슴을 가볍게 내려주었다는 말에 나도 위로를 받습니다. 선물이나 편지보다 함께하는 찻물이 더 따뜻할 때도 있습니다.

차나무 이야기

취향을 드러내는 일이 줄곧 아는 척으로 이어질까 걱정되기도 합니다. 차에 대해 잘 모르는 사람과 이야기를 나눌 때 그런 고민이 듭니다. 예를 들면 '차'와 '차 아닌 것'을 구분하는 일입니다.

— 요즘 차 마신다며?

오랜만에 만난 선배가 점심을 먹고 나서 잘 아는 찻집이 있다며 데려갑니다.

— 뭐 마실래? 대추차, 십전대보차?

이럴 때는 어떻게 말해야 할지 고민이 됩니다.
'이런 차는 대용차예요. 제가 좋아하는 건 차나무 잎으로 만든 차예요.' 이렇게 말하면 너무 깍쟁이처럼 보이겠죠.
카멜리아 시넨시스(Camellia Sinensis), 차(茶)나무의 학명입니다. 카멜리아라고 하면 동백꽃이 떠오르죠. 차나무 역시 동백나무과에 속합니다. 카멜리아 시넨시스의 잎으로 만든 음료를 '차'라고 부릅니다. 녹차와 홍차, 보이차 같은 것들입니다. 차나무 이외의 식물로 만든 음료는 '대용차'라고 부릅니다. 대추차, 루이보스와 카모마일 같은 허브차도 대용차입니다.

그렇다고 세상 모든 차나무가 똑같이 생긴 것은 아닙니다. 카멜리아 시넨시스는 어떤 땅, 어떤 날씨, 어떤 고도를 만나느냐에 따라 전혀 다른 모양으로 자랍니다. 낮고 둥글게 자라는 우리나라 녹차, 야생 숲에서 높고 거칠게 자라는 중국 윈난성(雲南省) 보이차 나무를 비교해보세요. 우리나라 녹차밭의 차나무처럼 잎이 작고 줄기가 땅에서부터 퍼지는 종을 소엽종 관목이라고 합니다. 윈난성의 보이차는 줄기가 굵고 잎이 큰 대엽종 교목입니다.

이제 누군가 차와 대용차를 구분하지 못하면 어떻게 할 거냐고요? 역시나 상대가 무안하진 않을까 또 한참 고민할 것 같습니다. 이 책을 읽는 분들께는 그럴 걱정이 없겠군요. 아무튼 누군가 먼저 '차 한잔해요'라고 물어봐 주는 건 참 포근한 일입니다. 대추차든 녹차든 말이죠.

1 —— 낮고 둥글게 자라는 소엽종 관목
2 —— 굵고 잎이 큰 대엽종 교목

카멜리아 시넨시스, 같은 차나무 잎인데
왜 세상에는 무궁무진한 종류의 차늘이
존재할까요. 우선 차나무의 품종이 다양하기도
하고 차가 자라는 테루아, 즉 환경의 영향도
있습니다. 그리고 어떤 사람을 만나서 어떤
제다(찻잎을 가공하는 것) 과정을 거치느냐에
따라시도 달라집니다.

흔히 차를 6가지 색깔로 나눕니다. 백차, 녹차,
청차, 홍차, 황차, 흑차. 6대 다류를 기억하세요.
차를 6가지로 딱 잘라서 구분한다는 것이
인위적이지만 가장 흔하고 편하게 부르는
방법입니다. 그렇다면 6가지 다류는 어떻게
구분하는 것일까요? 찻잎이 외부 환경이나 물질,
시간 등의 요소에 의해 어떻게 변했냐에 따라
분류한다고 생각하면 됩니다.

백차는 찻잎을 따서 가만히 두고 살짝 말리기만
합니다. 찻잎도 여느 나뭇잎과 마찬가지로, 따서
가만히 두면 점점 시드는데 이때 성분이 조금씩
변하기 시작합니다.

녹차는 찻잎을 따자마자 거의 바로 열에 익혀서
찻잎이 시드는 것을 막습니다. 그래서 차의 신선한
성분이 그대로 남아 있습니다.

홍차는 찻잎을 따서 충분히 시들게 합니다. 잘 시들라고 찻잎을 비비고 부숴주기도 합니다. 햇볕에 말리는 방법도 있지만 제대로 시들게 하기 위해 열풍을 쐬기도 합니다. 이렇게 하면 성분이 완전히 변해서 붉은 찻물이 우러납니다.

청차는 녹차와 홍차의 중간입니다. 찻잎을 시들게 하던 중에 열에 익혀서 중간 정도만 성분이 변합니다. 차의 성분이 얼만큼 변했냐에 따라 청차마다 독특한 맛과 향을 품습니다.

황차와 흑차는 찻잎 자체의 성분으로 시드는 변화뿐만 아니라 된장이나 치즈처럼 미생물로 인한 변화까지 더해진 차입니다. 황차는 고온다습한 환경을 만들어 빠르게 발효한 것이고, 흑차는 오랜 시간 발효해 미생물 발효를 한 차입니다. 흑차 중에서 보이숙차는 황차처럼 빠른 발효를 위해 인위적인 발효 환경을 만들어줍니다.

차 이름	찻물 색	발효 정도
녹차 綠茶		불발효
백차 白茶		약발효
황차 黃茶		약발효
청차 靑茶		중간발효
홍차 紅茶		완전발효
흑차 黑茶		후발효

차생활 식구들

포장을 뜯어서 잔에 톡 넣기만 하면 되는 티백보다 다구를 갖추고 차를 내려 마시는 일이 훨씬 번거롭습니다. 대신 찻잎의 풍부한 향과 맛을 제대로 깨워낼 수 있습니다. 잎차는 여러 번 내려 마실 수도 있는데, 어떨 때는 10번 재탕을 하기도 합니다. 차를 내리기 전 보송보송한 잎의 솜털을 보거나 물기를 머금어 잎 모양이 되살아난 엽저(우려낸 찻잎)를 보는 것도 재밌습니다.

다구가 비싸다는 생각에 차생활을 부담스러워하는 분들도 있습니다. 저도 그랬습니다. 하지만 여의치 않을 땐 종이컵 2개만 있어도 잎차를 마실 수 있습니다. 찻잎을 걸러내기만 하면 되니까요. 종이컵 하나에 찻잎과 찻물을 넣고 우린 다음 끝을 구겨서 다른 종이컵에 따르는 것입니다. 뜨거운 물만 있으면 충분히 잘 우러납니다. 간단하게 차를 우릴 수 있는 일체형 유리 주전자(표일배)나 필터형 유리컵도 있습니다.

조금 번거로워도 차의 시간을 제대로 즐길 준비가 됐다면 다구도 천천히 모아보는 것을 추천합니다. 차 내리는 시간을 더 아름답게 만들어줄 다구들을 하나씩 소개합니다. 집에서 제가 즐겨 쓰는 찻자리 친구들도 보여드릴게요.

다구·다우

베란다 다구장 속에 놓인 나의 작은 찻주전자들. 귀엽게 줄지은 모습을 바라볼 때마다 마음이 뿌듯합니다. 오늘 마실 차와 어울릴 자사호를 고릅니다. 대만에서 사 온 초록빛 작은 차호가 좋겠습니다. 손잡이에 검지를 걸어 살짝 들어 올릴 수 있을 정도로 가볍습니다. 자사호의 뚜껑을 돌려서 엽니다. 팅 하는 도자기 마찰음이 경쾌합니다. 찻잎을 쏟아 넣고 쪼르륵 물 따르는 소리도 즐겁습니다. 뚜껑을 닫고 자사호 위에 물을 붓고 중간중간 찻물도 계속 부어줍니다. 찻물을 듬뿍 먹어 예뻐지라고 자사호를 아껴주는 겁니다.

촉촉해진 자사호를 헝겊으로 뽀득뽀득 닦아줍니다. 방금 찻물을 품었던 차호의 매끄러운 표면은 살아 있는 것처럼 따뜻합니다. 이렇게 매일 아껴주면 차호는 점점 다른 색 다른 윤기를 띱니다. '양호(養護)', 찻주전자를 키운다는 뜻입니다. 차를 즐기는 사람들이 혼자 노는 방법입니다. 혼자가 아니죠. 다구는 다우(茶友), 차 친구라고도 부릅니다.

도자기 찻주전자 하나이지만 가격이 만만치 않습니다. 처음부터 이것저것 사기보다 심사숙고해서 고르는 것이 좋습니다. 차의 시간을 오래 함께할 친구이니까요.

* 자사호 양호

자사호에 물을 먹이고 닦아주면서 예뻐지라고 말한다. 차 마시는
사람들이 종종 하는 놀이.

찻주전자

찻잎과 뜨거운 물을 품었다가 한 줄기 찻물로 곱게 쏟아냅니다. 찻주전자는 다관, 차호라고도 부릅니다. 백자나 청자로 만든 작은 다관이나 중국 이싱(宜興) 지역에서만 나는 자사(紫砂)라는 독특한 자줏빛 모래로 만든 자사호를 많이 씁니다. 이외에도 유리, 은, 스테인리스, 무쇠 등 다양한 소재로 찻주전자를 만듭니다.

차마다 어울리는 소재의 찻주전자가 있습니다. 향이 풍부한 차는 유약이 발린 백자나 유리 찻주전자에 내려 마시는 것이 좋습니다. 표면이 매끈하고 치밀해야 향을 뺏기지 않기 때문입니다. 반대로 유약을 바르지 않고 구운 자사호는 표면이 차의 향과 맛을 빨아들입니다. 하나의 자사호에 한 가지 종류의 차를 오랜 시간 계속 우리면 맛과 향이 배어 그 차에 어울리는 맞춤호로 길들여집니다. 자사호는 그래서 보이차용, 우롱차용, 홍차용으로 나눠서 사용하는 것이 좋습니다.

1 오래된 대만 자사호

선물받은 자사호. 주먹만큼 작고 가볍다. 대만차를 우릴 때 향을
잘 뿜어낸다. 대만 사람들이 1960~1970년대 중국 이싱에서 주문
제작한 것으로 추정된다.

2 미인견

나의 첫 자사호. 미인의 어깨선을 닮았다고 해서 붙여진 이름이다.
다른 미인견보다 각진 것이 직각인 내 어깨를 닮아서 정이 간다.
보이생차를 마실 때 사용한다.

1   2

개완

중국에서 유래한 뚜껑 있는 찻잔입니다. 원래 찻잎을 넣어 바로 마시는 잔이지만 요즘은 주로 차를 내리는 용도로 씁니다. 뚜껑을 살짝 기울여 찻잎을 거르고 틈 사이로 차를 따릅니다. 처음 사용할 때는 개완 날 부분이 뜨거워서 사용하기 쉽지 않지만 익숙해지면 찻주전자보다 실용적입니다. 찻잎을 넣고 빼기 쉽고, 사용 후에 씻기도 편합니다. 매끄러운 겉면에 화려한 그림을 그리거나 글을 쓴 도자기 개완도 있습니다. 그 자체로 눈을 사르르 간지르는 작품입니다.

> * 미니 개완과 잔 세트
> 딱 한 잔이 나오는 '혼차'용 개완. 수선화가 그려져 있다. 영국의 시인 윌리엄 워즈워스의 시 「수선화」에는 "고독이 나에게 준 선물. 내면의 눈"이라는 구절이 나온다. 혼자 차를 마시는 사람에게 잘 어울리는 시구다. 경주 백암요 작품.

숙우(공도배)

완벽한 차 한 잔은 미묘한 온도와 시간의 조율로 만들어집니다. 찻물 온도와 우리는 시간을 자유자재로 조절하기 위해 숙우가 필요합니다. 조금 낮은 온도로 차를 우릴 때는 팔팔 끓는 물을 숙우에 담아 잠시 식힙니다. 찻잎이 충분히 우러나 더 익지 않게 찻물을 따라 놓을 때도 숙우를 사용합니다.

숙우도 다양한 소재로 만듭니다. 유리로 만든 숙우는 차의 탕색이 잘 보여서 좋습니다. 차를 다 따라 마시고 남은 차 향기를 감상하고 싶다면 향을 잘 품는 도자기 숙우가 좋습니다.

* 유리 숙우
가열해 녹인 유리를 파이프로 불어서 만든 수공예 숙우. 차를 따라서 손에 폭 쥐었을 때 따뜻한 온기가 기분 좋다. 차를 다 따라 마신 후 숙우 입구에 코를 대고 향을 맡아본다.

차판은 찻자리의 기본 배경이 되는 다구입니다. 어떤 차판을 쓰느냐에 따라 찻자리 느낌이 달라지니 깊이 고민하고 사게 됩니다. 중국식 차판은 바로 찻물을 버릴 수 있습니다. 차판 아래 물을 받는 통이나 호스가 연결돼 있어 찻물이 밑으로 흘러내립니다. 자사호에 찻물을 듬뿍 뿌리고 자주 찻물을 버리는 중국식 다도를 할 때 편리합니다.

차판은 나무나 도자기, 벼룻돌 등 다양한 소재로 만듭니다. 중국에는 큰 테이블 하나를 통째로 차판으로 쓰는 집도 많습니다. 차판 대신 사용하는 오목한 접시를 호승이라고 부릅니다. 예쁜 골동 접시를 호승으로 사용하기도 하는데, 정답고 아기자기한 느낌입니다. 차판을 따로 쓰지 않을 때 찻물을 버리는 그릇을 퇴수기라고 부릅니다.

＊ 도자기 차판

국제차문화대전(티월드페스티벌)에서 구입한 차판. 돌처럼 보이지만 알고 보면 도자기다. 찻자리의 기본 배경인 차판을 고르기가 쉽지 않은데, 정말 마음에 드는 친구를 만났다.

그 외 찻자리 친구들

1 찻잔

대만에서 사 온 찻잔. 강아지 찻잔은 우리 강아지를 꼭 빼닮았다.
크기가 넉넉해서 숙우 없이 한 잔 따라 마시기 좋다. 국화 찻잔은
보통 찻잔 크기.

2 차통

찻잎을 보관하는 통. 차 선생님이 '인선다실(寅仙茶室)'이라고 새겨서
선물해주었다. 알루미늄 소재에 이중 뚜껑까지 있어 차향이 날아가지
않는다.

3 찻자리 소도구

다건(차수건), 집게, 집게 받침, 호 받침, 잔 받침, 장식용 작은 동물
인형, 차칼 등 아기자기한 찻자리 친구들.

1 ——

2 ——

3 ——

이제 예쁘게 갖춘 다구로 차를 내리는 모습을
보여드릴게요. 숙련된 사람이 차를 우리는 모습은
바라보는 것만으로도 마음이 차분해집니다.
하지만 중요한 건 차라는 걸 잊지 마세요.
차를 내리는 자세보다는 찻물이 맛있게 우러나고
있는지 살피는 것이 먼저입니다.

1 다관이나 개완에 찻잎을 넣는다.

2 뜨거운 물을 붓는다

3 찻물을 숙우에 붓는다. 숙우에 부은 첫물은
   마시지 않는다. 찻잎을 깨운 다음 찻잔에 부어
   향을 입힌 뒤 버린다. 찻잔에 남은 찻물의 향을
   맡아본다.

4 두번째 찻물부터 마신다.

5 찻잎이 우러난 정도에 따라 찻물 우리는 시간과
   온도를 조절하며 여러 번 내린다.

1

2

3

4

5

자사(紫砂)는 중국 이싱(宜興) 지방에서 나는
자주색 모래흙을 뜻합니다. 자사로 만든
찻주전자인 자사호는 유약을 바르지 않고
높은 온도에서 굽습니다. 그러다 보니 코팅이
된 다른 차호보다 숨구멍이 많아서 찻물을
잘 빨아들입니다. 아주 오래전 명인이 만든
자사호들이 보물처럼 전해져 내려옵니다.
현대에도 유명한 장인들을 '대사'라고 부르며
국가에서 직급을 인증하고 관리합니다.

1 새 자사호를 찬물로 깨끗이 씻는다.
세제는 쓰지 않는다.

2 찻잎을 자사호에 조금 넣고 헝겊에 싸서
냄비에 담은 뒤 물을 충분히 붓는다.
  • 자사호에 주로 우릴 찻잎을 넣는 것이 좋다.
  • 보이차용으로 쓸 예정이라면 보이차로 끓인다.

3 끓는 물에 1시간 이상 충분히 삶는다.
새 자사호를 이렇게 소독하는 과정을
'개호'라고 부른다.

4 자사호를 조심히 꺼내서 다건으로 잘 닦는다.
차를 마실 때마다 찻물을 붓고 다건으로
닦는 과정을 반복하며 아껴준다.

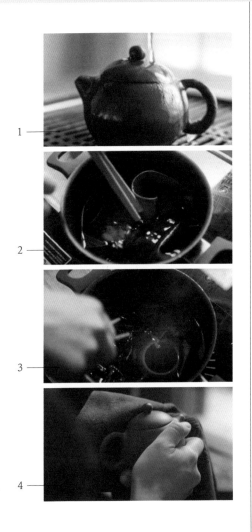

녹
차

청
차

홍
차

황
차

흑
차

월	차		월	차
1月	백호은침		7月	일본 말차
2月	금첨		8月	백호은침 · 노백차
3月	동방미인		9月	무이암차
4月	군산은침		10月	아리산 우롱차
5月	정산소종		11月	골동 보이차
6月	철관음		12月	대금침

2

열 두 달 의 차 。

차를 추천해달라는 얘기를 들으면 고민이
길어집니다. 마실수록 낯설고, 차에 대해
모르는 것이 점점 더 많아지는 느낌입니다.
어떤 차가 좋은지 설명을 늘어놓기엔 제
경험이 한참 부족합니다. 대신 기억에 남은
차들을 떠올려봅니다. 마셨던 날의 분위기와
날씨, 누군가와의 추억이 어우러져 특별하게
각인된 차들이 있습니다. 계절을 따라가며
떠오르는 아름다운 차들을 소개합니다.

새해의 세리모니.

백호은침

백차

1月

겨울

새해의 눈시울이

순수의 얼음꽃,

승천한 눈물들이

다시 땅 위에 떨구이는

백설을 담고 온다.

김남조, 「설일(雪日)」[3]

1월은 내게 이런 느낌입니다. 하얀 눈이 가루처럼 내리고 얼음꽃이 피어 있는 겨울입니다. 차가운 바람이 마른 나뭇가지에 걸려 있습니다. 시끌벅적하고 따뜻함이 느껴지는 연말의 겨울과는 다릅니다. 살갗을 스치는 공기가 한층 차갑고 낯섭니다. 하지만 훨씬 순수하고 깨끗한 기분입니다. 새해이니까요.

가만히 앉아서 한 해 계획을 세워본다면 백호은침을 내려 마시는 것이 좋겠습니다. 하얀 솜털 백호(白毫)에 은침(銀針), 가느다란 은빛 침이 가득하다는 뜻의 새해처럼 깨끗하고 여린 이름입니다. 솜털이 보송보송한 하얀 새싹을 그대로 곱게 말리기만 한 백차입니다. 이른 봄 어린 새싹만 따서 만들다 보니 백차 중에서도 가장 귀합니다. 뜨거운 물을 붓는 순간 따뜻한 향이 번집니다. 온화한 꽃의 향기입니다. 발효도가 낮아 차맛은 강하지 않지만 부드러운 찻물의 감촉

뒤로 달콤함이 남습니다.

올해도 새해 첫날 백호은침을 내려 마셨습니다. 1월 1일엔 서울 시내에 사락사락 눈까지 내렸습니다. 전날 늘 상처 주는 사람을 다시는 안 보겠다며 눈물을 흘렸는데, 하얀 눈과 산뜻한 차 한잔이 깨끗하게 정화해주는 느낌입니다. 쌓아둔 감정을 함박눈처럼 쏟아냈기에 비로소 상쾌한 것인지도 모르겠습니다.

내친김에 혼자 아침 명상도 해봅니다. 요가학원에서 배운 명상이 힘들 때 마음의 뼈를 세우는 데 도움이 됩니다. 새해부터 자주 해야겠다고 다짐합니다. 밖에서는 활동적인 편인 내가 혼자 차를 내리고 명상을 하게 될 줄은 몰랐습니다. 어색하지만 기분 좋은 변화입니다. 지난해를 벗고 새해를 입는 나는 아직 연약합니다. 1월의 나에게는 자극적이지 않은 백호은침의 여린 맛과 은은한 향기가 어울립니다. 매년 이 차로 한 해를 시작하는 것을 나만의 세리모니로 만들어볼까 합니다.

내가 마신 백호은침

NAME 차 이름

백호은침 白毫銀針 SILVER NEEDLE

TYPE 다류

백차 白茶 WHITE TEA

REGION 산지

중국
푸젠성 福建省

AROMA 향

여린 꽃향기

TASTE 맛

단맛, 감칠맛

COMMENT 한줄평

여리지만 우아한 꽃향기, 실크처럼 감싸는 부드러운 찻물의 감촉

겨울잠을 깨우는

따뜻함。

금첨　　흑차

2月　　겨울

어릴 적 앨범과 비디오테이프를 가끔 꺼내 보는 것을 좋아합니다. 수십 년 전의 내가 천진한 표정으로 나를 바라보고 있습니다. 갓 걸음마를 시작한 아기가 '너는 지금 잘살고 있니' 하고 묻는 듯합니다. 익숙한 얼굴의 소녀는 지금의 나를 가장 조건 없이 위로해주는 것 같습니다. 무엇보다도 젊은 날의 부모님과 조부모님이 나를 얼마나 사랑했는지 그 마음이 전해져 살아갈 용기를 줍니다.

서랍장 속에 숨겨진 비디오테이프처럼 추억 같은 차가 있습니다. 처음 이 차를 봤을 때 웬 흙덩이인가 싶었습니다. 커다란 벽돌 모양의 차 덩어리 속에 부서진 찻잎과 줄기가 섞여 있고 검은색을 띤 것이 어딜 봐도 차라고 하기 어려웠습니다. 이런 물건을 집에 두어도 괜찮을까 싶을 정도였습니다. 무려 60년이나 된 이 차는 중국 쓰촨성(四川省)에서 만들어져 티베트 유목민들에게 팔려 갔다가 다시 고향으로 돌아온 파란만장한 사연을 간직하고 있습니다.

차칼로 뭉친 차를 조각냅니다. 이 과정을 훼괴(毁壞)라고 부릅니다. 찻잎 모양을 살리기 위해 수평으로 포를 뜨듯이 분해합니다. 바삭바삭 소리가 기분이 좋습니다. 다관에 찻잎을 넣고 100도 가까운 뜨거운 물을 붓습니다. 흙과 나무, 가죽 같은 거친 냄새가 훅 올라옵니다. 찻잎이 물에 부푸는 모습이 꼭 살아서 깨어나는 것만 같습니다. 갑자기 봄을 느낀 동물들이 겨울잠에서 뛰쳐나온다는 경칩이

생각납니다.

20년의 겨울잠에서 깨어난 흑차 금첨은 무시무시한 외관과는 달리 금빛 탕색으로 연하게 우러납니다. 갈색으로 진하게 우러나는 보이차와 다릅니다. 오랜 시간 잘 숙성된 달고 부드러운 맛입니다.

금첨의 이야기를 좀 더 찾아봅니다. 오래 묵어도 연하게 우러나서 끓여 마시기 좋다고 합니다. 티베트 사람들은 금첨을 내린 찻물에 야크의 젖으로 만든 버터를 넣어 수유차로 만들어 마십니다. 밀크 티와 비슷하지만 단순히 맛있어서 마시는 것이 아닙니다. 과일이나 채소를 먹을 수 없는 티베트 고원지대에서 차는 영양소를 채우고 몸을 따뜻하게 해주는 중요한 식품입니다.

금첨과 보이차, 둘 다 치즈나 된장처럼 외부 요소에 의해 발효된 흑차입니다. 흑차 중에서도 윈난성에서 난 차만 보이차라고 부릅니다. 금첨은 쓰촨성에서 만들었기에 보이차는 아닙니다.

오래된 골동 보이차의 인기가 높아지자 다른 지역 골동 흑차의 수요까지 올라갔습니다. 그러다 보니 쓰촨성에서 수유차가 되기 위해 티베트 유목민에게 팔려 갔던 금첨까지 고향으로 돌아왔나 봅니다. 이런 이야기를 듣고 나니, 검고 거친 차 덩어리의 외관이 더 이상 무섭지 않습니다. 오히려 유목민들의 귀한 차를 빼앗아 온 것은 아닌가 조금 미안하기도 합니다.

그러고 보니 나도 티베트 근처에 간 적이 있습니다. 고등학생 때 네팔에 국제 봉사를 하러 갔습니다. 히말라야 길목까지만 가본 것이죠. 영화 「아멜리아」의 주인공 오드리 토투처럼 눈이 예쁜 소녀가 오두막집으로 데려가더니 차를 내려주고 이마에 축복을 비는 표식도 그려주었습니다. 산비탈에서 마셨던 달달하고 따뜻한 '짜이'라는 밀크티 맛이 어렴풋이 기억납니다. 어렵게 사는 친구들을 돕겠다고 간 것인데 오히려 내가 환대를 한껏 받았습니다. 고등학생 신분으로는 해줄 수 있는 것이 없어서 언젠가 쓸모 있는 사람이 돼서 돌아가겠다고 다짐했습니다. 앨범을 넘기다 보니 어딘가에 잠자고 있던 학창 시절의 꿈이 떠오릅니다.

메마른 겨울 땅 같았던 금첨은 뜨거운 물을 부으면 금빛 차로 깨어납니다. 오랜 시간을 품은 차는 옛 기억처럼 따뜻합니다. 온몸에 차의 기운이 퍼지면서 나의 겨울도 녹기 시작합니다. 경칩, 나도 이제 뛰어나가 봄을 느낄 때입니다.

내가 마신 금첨

NAME 차 이름

금첨 金尖 GOLDEN TIP

TYPE 다류

흑차 黑茶 DARK TEA

REGION 산지

AROMA 향

가죽향, 나무향

TASTE 맛

단맛

중국
쓰촨성 四川省

COMMENT 한줄평

가죽향과 나무향의 개성이
강하지만 오래 우리거나 끓여도
달고 쓰지 않은 반전이 있다.

달콤한 상처.

동방미인

청차

3月

봄

한번 들으면 잊을 수 없는 동방미인(Oriental Beauty)이라는 이름은 영국 여왕이 마셔보고 감탄해서 지어줬다고 합니다. 이름처럼 동양의 미를 보여주리라 기대하지만 찻잎의 겉모양은 상한 것처럼 울긋불긋합니다. 벌레 먹은 잎으로 만든 차이기 때문입니다. '부진자'라는 벌레가 찻잎의 즙을 빨아먹으면 잎이 붉게 변하면서 시드는데, 그로 인해 더욱 달콤하고 향기로운 차가 됩니다. 벌레를 함께 기르려면 농약을 칠 수 없을 테니 당연히 유기농이고 값이 비쌉니다. 동방미인은 대만의 대표적인 명차로 잘 알려져 있습니다.

아직 추운 3월 초 주말 저녁, 미지의 바이러스가 국경 없이 무섭게 퍼져나갔습니다. 많은 사람들의 몸도 마음도 아픈 날들이었습니다. 모임을 자주 할 수도 없어 오랜만에 가진 따뜻한 찻자리가 더욱 소중했습니다.

찻자리 마지막에 부진자 벌레가 유독 많다는 대만 먀오리(苗栗)라는 동네에서 만든 동방미인이 나왔습니다. 부진자가 어떤 마법을 부렸는지 귀부 와인에서 나는 상큼한 포도향이 물씬 느껴집니다. 그리고 보니 귀부 와인도 동방미인과 비슷한 점이 있습니다. 곰팡이가 낸 상처로 농축되어 당도가 높은 포도로 만든다고 합니다. 상큼하고 달큰한 동방미인의 맛과 향에 미소가 절로 번집니다.

찻자리에서 쓰는 다구도 하나하나 세심하게 준비한 흔적이 보입니다. 오래된 골동 자사호의 뚜껑에 꺾쇠가 박혀 있습니다. 뚜껑이 깨져 수리를 맡겼다고 합니다. 차를 마시는 사람들은 기물이 깨지면 꺾쇠로 잇거나 금가루로 메워서 다시 씁니다. 잘 수리된 기물은 더 튼튼하고 가치가 높아지기도 합니다. 설명을 듣고 보니 꺾쇠가 박힌 모습이 못생겨 보이지 않습니다.

하얀 찻잔에는 한자로 당시(唐詩) 구절이 적혀 있습니다.

'일편빙심재옥호(一片氷心在玉壺)'

친구들이 내 소식을 묻거든 한 조각 얼음 같은 마음이 옥으로 만든 호 안에 있다고 전해달라.

시인은 유배 중이었습니다. 외로움이 사무치는 시구입니다. '사회적 거리 두기'라는 살면서 처음 들어보는 낯선 수칙을 지켜야 하는 요즘 한 조각 얼음 같은 심정에 공감이 됩니다.

서로의 얼굴을 바라보며 손을 잡고, 여럿이 모여 즐겁게 웃고 떠드는 것이 죄스럽게 느껴지는 시기. 어린아이들까지 각자의 자리에 얼음처럼 굳어 있으라고 가르쳐야 하는 상황. 모두가 원치 않는 유배를 당하고 있습니다.

벌레 먹어 시든 잎과 곰팡이 피어 구멍이 나고 말라버린 포도, 뚜껑이 깨진 다관. 상처가 더 가치를 낼 수도 있다는 것이 어쩐지 사람과 닮았습니다. 사람도 상처와 함께 더 깊이 성숙하니까요. 모두 '언제 끝날까'라며 힘든 날들을 보내고 있습니다. 언젠가 동방미인을 마시며 이 봄을 추억으로 떠올리는 날도 오겠죠. 이 시절의 상처가 우리를 더 향기롭게 만들어주리라 생각합니다.

내가 마신 동방미인

NAME 차 이름

동방미인 東方美人 ORIENTAL BEAUTY

TYPE 다류

청차 青茶 BLUE TEA

REGION 산지

대만
먀오리 苗栗 등

AROMA 향

과일향(머스켓 포도), 난꽃향, 꿀향

TASTE 맛

단맛, 상큼한 맛

COMMENT 한줄평

샴페인 같은 과일향으로
시작해 부드럽고 매끈한 찻물의
감촉으로 완벽한 마무리

햇차의 즐거움.

군산은침

황차

4月

봄

24절기 중에 하늘이 가장 맑다는 다섯 번째 절기 청명(靑明), 양력으로 4월 5일 무렵입니다. 중국에서는 청명을 기준으로 이른 봄에는 어린 새싹으로 백차를 만들고, 청명이 지나면 푸른 찻잎으로 각종 차를 만들기에 바쁩니다.

같은 나무에서 난 찻잎도 봄의 햇차는 여름과 가을에 만든 차보다 값이 더 나갑니다. 나무가 찬 겨울을 견디고 처음 틔운 잎은 얼마나 많은 햇살과 땅의 양분과 기다림을 품고 있을까요. 마침 꽃이 피는 계절. 차를 즐기는 사람들은 햇차를 마시며 새봄을 만끽합니다.

청명 전후 3, 4일 동안 어린잎이 나오자마자 바로 따서 만드는 귀한 차가 있습니다. 청나라 때부터 황실에 바쳐지던 차, 군산은침입니다. 황제가 역사 너머로 사라진 후에도 마오쩌둥 같은 최고의 권력자들이 즐겼다고 합니다.

군산은침은 중국 후난성(湖南省) 동정호수라는 큰 호수 한가운데 있는 섬에서 나는 찻잎으로 만듭니다. 생긴 것은 녹차와 비슷하지만 찻잎을 종이에 싸서 70시간 정도 정성껏 발효한 황차입니다. 이 과정에서 특유의 깊고 부드러운 향을 갖게 됩니다.

오래전부터 봄에 햇차를 마시는 사람들의 마음은 참 즐거웠나 봅니다. 군산은침을 제대로 즐기는 법이 있습니다. 먼저 은빛 뾰족한 찻잎의 모습을 제대로 보기 위해 유리 숙우에 차를 우립니다.

삼기삼락(三起三落), 뜨거운 물을 부으면 찻잎이 천천히 세 번 일어났다 내려옵니다. 설마 했는데 정말로 찻잎이 수직으로 서더니 바닥까지 내려갔다 위로 올라옵니다. '차무(茶舞)', 이 모습을 차가 춤춘다고 표현합니다. 차가 춤을 추길 기다리는 마음이 간질간질합니다. 다 마신 후 통통하게 불어난 고운 찻잎을 다시 일렬로 늘어놓아 봅니다. 갓 딴 찻잎으로 다시 살아난 것 같습니다.

팬데믹이 계속되던 올해두 4월이 되자 차나무가 있는 마을마다 햇차를 만든다는 소식이 들려왔습니다. 수천 년을 사람들과 더불어 살아온 차의 생명력은 얼마나 강하며, 공포와 고립 속에서도 차를 만들고 차를 마시는 사람들은 얼마나 의리가 있나요.

차를 마시는 사람으로서 청명을 기념하고 싶습니다. 왼손으로 찻잔을 받치고 오른손으로 찻잔을 잡고 마십니다. 단맛에 미소가 나옵니다.

"세상의 음료 중에서 두 손으로 마시며 자기 자신에게 권하는 음료는 차가 유일하다."[4] 얼마 전 읽은 책에서 기억에 남는 문장입니다. 스스로에게 차를 내려주는 것만큼 나를 아껴주는 시간이 있을까요. 매년 햇차가 나온다는 소식을 듣고 홀로 차를 마시는 일상을 반복할 수 있는 것에 새삼 감사합니다. 오랜 시간 사랑받는 명차를 마시며 마스크 없이 못 다니는 요즘 세상을 살아갈 힘을 얻습니다.

내가 마신 군산은침

NAME 차 이름

군산은침 君山銀針 JUNSHAN SILVER NEEDLE

TYPE 다류

황차 黃茶 YELLOW TEA

REGION 산지

중국
후난성 湖南省

AROMA 향

발효향

TASTE 맛

단맛, 맑고 부드러운 맛

COMMENT 한줄평

연한 물엿 같은 발효된 단맛

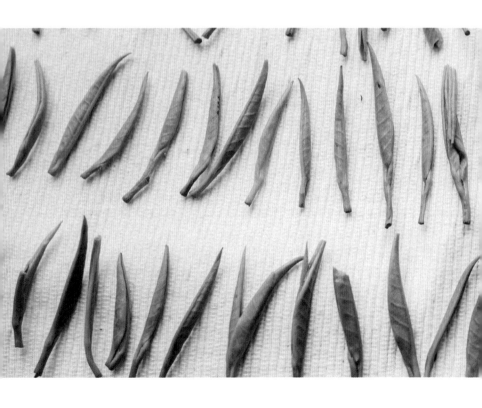

화양연화。

정산소종

홍차

5月

봄

어둡고 좁은 골목.

국수통을 들고 어깨를 부딪힐 듯 엇갈리는 남자와 여자.

지나치게 화려하게 입어서 더 외로워 보이는 장만옥의 뒷모습.

웃고 있어도 울 것 같은 양조위의 눈빛.

'유메이지의 테마(Yumeji's Theme).'

쓸쓸하게 마음을 울리는 첼로 선율이 반복됩니다.

처음 부모님 집에서 나와 오피스텔에 혼자 살게 되었을 때 왕가위 감독의 영화를 자주 봤습니다. 밤에 아무도 없는 집으로 돌아가는 길, 「화양연화(花樣年華)」에 나온 이 음악을 계속 들었습니다. 평범한 퇴근길이었지만 낮고 묵직한 첼로의 선율이 배경음악으로 깔리면 인생이 영화가 된 듯했습니다. 그런 음악이 있지 않나요? 일상을 영화로 만드는 음악. 처음으로 혼자 산다는 정서가 멜랑콜리한 왕가위 감독의 영화와 맞아떨어졌나 봅니다. 자취의 감각은 새로웠습니다. 멍하니 창밖을 보며 빗소리를 듣거나 냉기 서린 바닥을 가만히 만지며 낯선 시간을 받아들였습니다. 내 공간을 채우는 물건도 심사숙고해서 골랐는데, 엄마가 아끼는 찻잔도 몇 개 가져다놓았습니다. 그때 이런 메모를 남겨놓았네요.

2018년 5월, 차 마시는 습관을 들여보기로 했다.

웨지우드의 홍차. 부드럽고 편하다. 빌레로이 앤 보흐 찻잔, 레몬 마들렌.

마리아쥬 프레르, 포트넘 앤 메이슨, 다만프레르, 하니 앤 손즈.... 자취방 냉장고에 맥주와 소주만 채우는 것이 아니라 이름도 고운 서양의 차들을 사다놓았습니다. 혼자만의 차 시간이 시작되었습니다.

서양 차는 대부분 홍차라 홍차에 관한 이야기를 열심히 찾아봤습니다. 많이 들어본 홍차 중 하나인 얼그레이가 알고 보면 중국 차의 짝퉁이었다는 이야기가 가장 기억에 남습니다. 19세기 영국 수상이었던 그레이 백작, 중국에서 만든 정산소종이라는 홍차를 마셔보고 특유의 과일향에 반했습니다. 중국 사람들은 이 차를 만드는 비법을 알려주지 않았고, 백작은 어쩔 수 없이 일반 홍차에 베르가모트 향을 인공적으로 첨가해 정산소종과 비슷한 가향 홍차를 만들었습니다. 결과적으로 얼그레이는 전 세계적으로 정산소종보다 더 잘 알려진 불멸의 패러디가 된 것이죠. 중국에서 온 홍차는 이렇게 서양에서 크게 사랑받았고 차의 르네상스를 가져왔습니다.

그레이 백작이 집착할 만큼 특별했던 차, 정산소종은 어떤 차일까. 이야기를 알고 나면 당연히 궁금해지겠죠. 정산소종 중에서도 가장 이른 시기 어린잎으로 만들어서 금빛 새싹이 섞여 있는 금준미를 마셔봤습니다. 왜 그레이 백작이 베르가모트를 떠올렸는지 알 수 있는 상큼함이 느껴집니다.

웨지우드의 홍차를 서양 잔에 마시며 차생활을 시작한 지 딱 1년째 되는 봄, 차가 좋아서 중국의 차나무 숲으로 여행을 떠났습니다. 찻잔을 채운 수많은 차만큼 그사이 나에게도 많은 일이 지나갔습니다.

모르죠? 옛날엔 감추고 싶은 비밀이 있다면 어떻게 했는지. 산에 가서 나무를 하나 찾아 거기 구멍을 파고는 자기 비밀을 속삭이고 진흙으로 봉했다죠.

왕가위, 「화양연화」, 2000

금빛 노을이 내리는 조용한 숲. 수백 수천 년 됐다는 고수 차나무들을 보러 갔습니다. 차란 참 신비로운 식물이라 이토록 아름다운 곳에서만 잘 자랍니다. 이국의 저녁 해가 나뭇잎 사이로 눈부시게 침투했습니다. 그 영화의 마지막 장면이 떠올랐습니다.

바티칸의 성당에서 말이 통하지 않음에도 고해성사를 하고 싶은 충동을 느꼈던 것처럼, 이 숲에 나의 비밀을 묻고 가고 싶다고 생각했습니다. 다시 오지 않을, 가장 좋은 시절로 기억될, 혼자이지만 충만했던 날들. 왕가위의 영화 색깔처럼 쓸쓸했던 그 시절 혼자 차를 마시며 누군가를 그리워하는 시간도 많았습니다. 차나무 사이에 나의 화양연화를 묻어두고 왔습니다. 화려한 시간은 필히 외로움을 동반합니다. 붉고 달게 우러나면서도 어딘가 쓸쓸한 홍차 한잔과 닮아 있습니다.

내가 마신 정산소종

NAME 차 이름

금준미 金駿眉 JIN JUN MEI

TYPE 다류

홍차 紅茶 BLACK TEA

REGION 산지

중국
푸젠성 福建省

AROMA 향

과일향, 약한 훈연향

TASTE 맛

상큼한 맛, 순한 맛, 과일맛

COMMENT 한줄평

옅은 불의 향과
시트러스한 과일향,
여린 찻잎의 부드러운 감촉

노상의 계절.

철관음 청차

6月 여름

밖에서 놀기 딱 좋은 날씨입니다. '노상', 두 글자를 붙이면 실내에서 매일같이 하는 평범한 일들도 왜 더 특별하고 재미있을까요. 한강변 풀밭에 돗자리를 펴고 낮잠을 자는 것도, 벤치에 앉아 책을 읽는 것도, 야외 포차에서 술을 한잔하는 것도 좋습니다. 하늘이 천장이고 자연이 인테리어라 부자가 된 느낌입니다.

야외에 찻자리를 펴는 호사도 부려봅니다. 작은 개완과 찻잔을 넣어 다니는 주머니를 하나 마련했습니다. 갖고 나가고 싶은 것이 많지만 찻짐은 적을수록 좋습니다. 오늘은 친한 언니들에게 차의 취향을 전파하는 날입니다. 향이 좋은 청차가 어떨까요. 반발효차인 청차는 '청향(靑香)'을 가진 차와 '농향(濃香)'을 가진 차로 나뉩니다. 뜻 그대로 청향은 청아하고 싱그러운 향을 말하고, 농향은 불에 잘 익은 농밀한 향을 말합니다.

노상 찻자리를 위해 시원한 초여름에 어울리는 청향 철관음을 고릅니다. 이 차를 처음 만난 날이 생각납니다. 차의 세계로 인도해주신 스타일리스트 선생님의 손에 이끌려 신림동 낯선 차실에 들어갔습니다. 20년 넘게 차생활을 하셨다는 흰머리의 차 선생님은 앉은 모습부터 나긋나긋한 목소리, 차 내리는 동작 하나하나가 신선처럼 품격이 느껴집니다. 자사호로 정성스럽게 내린 청차가 작은 찻잔에 담겼습니다. 향을 먼저 맡아보라고 합니다.

— 정말 아무 향도 첨가하지 않은 거라고요?

강하게 올라오는 꽃향기에 놀랍니다. 난초 향기를 많이 맡아본 것도 아니면서 난향이라는 것을 자연스럽게 알 수 있습니다. 자스민향도 느껴집니다. 서양의 화려한 꽃에서 나는 톡 쏘는 향이 아닙니다. 은은하고 아련한 향입니다. 순수한 식물의 잎에서 이런 맛과 향이 나다니, 동양 차의 매력에 빠지는 순간입니다.

바람이 선선하게 부는 노상의 차 모임, 언니들도 차의 매력에 반하라고 철관음을 가져갑니다. 장소는 초여름 강원도의 고산 마을. 지천이 고운 야생화입니다. 몇 송이 꺾어 가려는데 꽃만 보이는 것이 아닙니다. 메마른 나뭇가지, 풀, 돌멩이, 자연의 재료들이 자기를 데려가라고 반짝입니다. 제각각 완벽하게 아름다운 존재들을 꽂아놓으니 서툰 솜씨로 화병을 꾸며도 나쁘지 않은 것 같습니다. 소박한 시골 마을의 정경을 찻자리에 가져다 놓습니다.

주전자에 물을 부어 캠핑용 버너에 올립니다. 물이 끓는 동안 모두 조용해집니다. 나도 아마추어인데 사람들이 차 내리는 내 손동작을 진지하게 바라봐서 살짝 긴장됩니다. 첫물로 찻잔을 씻고 각자 향을 맡아보라고 합니다.

— 난초향이 나시나요?

철관음의 매력을 알려주신 선생님의 차맛은 따라갈 수 없시만 아름다운 노상의 풍경이 도와주네요. 초여름의 바람에 이 아름다운 향기를 실어 보내면 몇 명이나 반할까요?

내가 마신 철관음

NAME 차 이름

철관음 鐵觀音 TIE GUAN YIN

TYPE 다류

청차 靑茶 BLUE TEA

REGION 산지

중국
푸젠성 福建省

AROMA 향

난향, 자스민 향, 꿀향

TASTE 맛

단맛

COMMENT 한줄평

난초와 자스민 향이 매력적이고,
해조류의 풋풋한 단맛이 난다.

비 오는 교토.

일본 말차

녹차

7月

여름

그해(2018년) 제비는 좋은 소식이 아니라 절망적인 소식을 던져놓고 갔습니다. 태풍 제비로 인해 오사카 간사이 공항 다리가 붕괴됐다는 뉴스를 내가 직접 전했는데, 바로 다음 주 그 공항으로 갈 예정이었습니다. 데일리 방송을 하다보니 휴가를 내기도 쉽지 않아 포기하고 싶지 않았습니다. 다행히 기차로 가는 방법이 있습니다. 우선 비행기를 타고 도쿄에 가서 가격이 매우 사악한 신칸센을 탔습니다. 가까스로 간사이 지방으로 내려가 교토에 도착했습니다. 그리고 근처 우지(宇治)까지 JR선을 갈아타야 하는 머나먼 여정이었습니다. 창밖으로 태풍에 지붕이 날아간 집들과 여기저기 쓰러진 나무들이 보입니다. 여행 내내 하늘은 잿빛입니다. 기찻길이 멀쩡한 것이 다행일 정도입니다.

꼭 가보고 싶었던 공간, 나카무라 토키치(中村藤吉). 160년 역사의 우지 녹차 전문점입니다. 미리 예약하면 40분 정도 다도 체험을 할 수 있습니다. 예약 시간이 되자 기모노를 입은 중년의 여자 선생님이 나옵니다. 매우 친절한 인상입니다. 시끄러운 녹차 가게는 뒤로 하고 다도 체험 공간으로 안내됩니다. 오래된 일본 가정집에 들어온 것 같습니다. 나카무라 토키치 가문의 조상들을 모셔놓은 제단도 보입니다. 집 안에 비에 젖은 정원이 있습니다. 조화롭게 배치된 작은 나무와 바위, 샘, 이끼가 싱그럽습니다.

더 작고 조용한 방으로 들어갑니다. 먼저 선생님이 가져온 묵직한 맷돌로 찻잎을 갈아서 말차를 만듭니다. 햇빛을 차단해 고소한 맛을 극대화한 귀한 녹찻잎입니다. 직접 해보라고 해서 손잡이를 잡았는데 맷돌이 꽤나 무겁습니다. 슥슥 갈 때마다 검은 돌 틈 사이로 여린 초록 가루가 곱게 새어 나옵니다. 힘들게 갈아낸 가루를 새의 깃털로 살살 모읍니다.

다음으로 겐로쿠 시대(17세기 말에서 18세기 초)부터 이어져온 차실로 이동해 일본 다도를 체험할 차례입니다. 차실 안에서는 사진을 찍을 수 없습니다. 다다미 세 장짜리 작고 어둑한 차실. 치익, 방 한쪽

구석에 놓인 무쇠솥에서 물 끓는 소리가 악기처럼 울립니다.

선생님이 반대쪽 작은 문으로 들어옵니다. 방금 전 친절했던 표정은 온데간데없고 근엄하고 진지한 모습입니다. 분위기가 확 바뀌었습니다. 맞절을 합니다. 덩달아 엄숙해지는 나 자신이 살짝 우습기도 합니다.

다건 하나를 접는데도 절도가 있고 오래 걸립니다. 선생님 모습이 너무 진지해서 잠시도 눈을 뗄 수가 없습니다. 선생님이 말차 가루를 사발에 넣습니다. 길다란 나무 국자로 솥에서 물을 떠서 사발에 조르륵 따르고 대나무로 만든 다선(가루로 된 차를 탈 때 물에 잘 풀

리도록 젓는 기구)으로 젓기 시작합니다. 사악사악, 대나무가 그릇에 스치는 소리가 고요하게 온 방을 채웁니다. 잠시 후 검은 다완(찻사발)에 담긴 연둣빛 말차가 내 앞에 놓였습니다.

예쁜 다식을 한입 먹고 진한 농차를 마십니다. 쓴맛이 혀에 맴돌더니 고소한 아미노산의 맛도 느껴집니다. 차를 마시고 그릇도 감상해보라고 합니다. 잘 모르지만 열심히 살펴봅니다. 두 손바닥에 폭 감기는 다완의 가슬가슬한 질감이 좋습니다. 다실 공간과 기물이 화려하지는 않지만 극도의 기품이 느껴집니다.

이렇게 좋은 다실에서 좋은 차를 마시고는 제대로 체해버렸습니

다. 돌아오는 길에 갑자기 속이 턱 막히고 얹힌 기분이 듭니다. 처음
겪어보는 엄숙한 분위기에 압도된 탓인가 봅니다. 찻잎의 모든 성
분을 그대로 마시는 말차가 조금 자극적이었을 수도 있습니다. 편
의점에서 소화제를 하나 사 먹었습니다. 속은 조금 불편하지만 기
분은 좋습니다.

일기일회(一期一會), 일생에 단 한 번밖에 만날 수 없는 손님을 대하
듯이 한다는 일본 다도의 마음입니다. 이 말을 곱씹어볼수록 한 잔
의 차를 만나는 과정 하나하나가 기억에 박히는 예술적인 장면입
니다. 고생해서 온 보람이 있습니다.

나는 무슨 인연으로 태풍이 쓸고 간 우중충한 교토에 여행을 왔을까. 보통의 여름에는 사람들이 넘쳐나고 푹푹 찌는 교토이지만 비가 조금 내리고 관광객이 사라진 교토는 걷기 참 좋았습니다. 수양버들이 팔랑이는 카모가와 강변의 다리를 걸었습니다. 해 질 무렵 강변의 테라스 레스토랑에서 와인도 마셔봅니다. 애니메이션 「모노노케 히메」에 나올 법한 신비한 사운드의 버스킹 공연도 듣고, 빗물에 붉은 조명이 출렁이는 기온의 밤거리도 헤맸습니다. 제비가 물어다 준 잊지 못할 교토의 정경입니다.

내가 마신 말차

NAME 차 이름

말차 抹茶 MATCHA

TYPE 다류

녹차 綠茶 GREEN TEA

REGION 산지

일본
교토 京都

AROMA 향

밤향, 해조류향

TASTE 맛

감칠맛, 고소한 맛

COMMENT 한줄평

고소한 향과 함께 밤 같은
단맛과 감칠맛이 난다.

철관음 차는 철관음이라는 품종의 차나무
잎으로 만듭니다. 주로 중국 푸젠성
안시현(安溪縣)에서 많이 자라는데, 만드는
방법에 따라 '청향 철관음'과 '농향 철관음'으로
나뉩니다.

○ 청향

저온에서 가공하고 찻잎을 약하게 변조해서
풋풋한 향을 살린다. 옅은 녹색을 띠고 맛과
향이 상큼하고 향긋하다.

○ 농향

고온에서 가공하거나 여러 차례 열에 노출해
찻잎이 붉게 변한다. 금빛이 우러나고 그윽하고
깊은 향을 느낄 수 있다.

○ **센차** 煎茶 전차

일본에서 가장 많이 마시는 대중적인 녹차.
찻잎을 증기로 찐 다음 비벼서 바늘처럼 가늘게
만든다. 그윽한 단맛과 상큼한 떫은맛이
특징이다.

○ **교쿠로** 玉露 옥로

찻잎을 수확하기 전 최소 2주일 정도 햇빛을
가리면 은은한 단맛을 내는 아미노산은 늘어나고
떫은맛을 내는 탄닌은 줄어들어 부드럽고 순한
맛이 난다. 일본 녹차 중 최고급에 속한다.

○ **맛차** 抹茶 말차

찻잎을 찐 후에 덖지 않고 말린 후 맷돌로 간 분말
녹차. 녹찻잎의 성분을 100% 섭취할 수 있다.

○ **호지차** ほうじ茶

하등품에 속하는 센차를 강한 불에 볶아서
만든 것이다. 쓰거나 떫은맛이 없고 상쾌하고
부드러운 맛이 난다.

은은하게

여름나기.

백호은침 백차

노백차 백차

8月 여름

기온이 올라가면 확실히 차 생각이 덜합니다. 차 사업을 하는 친구는 매출이 떨어진다고 투덜댑니다. 오랜만에 친구의 사무실에 놀러 갔습니다. 오피스텔 통창으로 태양이 작열합니다. 에어컨을 켜도 창가는 덥습니다. 순간 좋은 아이디어가 떠오릅니다.

— 얼음으로 차를 내려야겠다!

일본에서 여름에 차를 내리는 방법인데, 바구니에 얼음과 찻잎을 담아 거르는 것입니다. 더치 커피를 내리는 방식과 비슷합니다. 얼음물이 녹아 찻잎 사이를 천천히 스쳐 지나가면서 차의 맛과 향이 우러난 찻물이 한 방울씩 아래로 똑똑 떨어집니다. 얼음 차를 내리는 도구가 없을 때는 드립커피를 내리는 도구로 충분합니다. 더위에는 열을 내려주는 백차가 좋다고 합니다. 거름망에 백호은침 찻잎을 가득 넣고 얼음을 올립니다. 그런 다음 태양이 작열하는 창가에 놓고 무작정 기다립니다.

— 이래서 언제 되겠어.

친구가 투덜댑니다. 태양을 얕보는 것입니다. 얼음이 생각보다 빨리 녹아 백찻잎을 적시더니 물이 똑똑 떨어집니다. 연한 찻물이 내려옵니다. 백호은침의 은은한 꽃향이 올라옵니다. 뜨거운 물로 우릴 때보다 어딘가 상큼하고 여리여리한 향입니다. 30분 정도 기다리자 딱 두 잔이 나옵니다. 차는 차가운 것보다 뜨거운 물에 우려 마시는 것이 건강에 좋다고 합니다. 그래도 너무 더운 날은 재미 삼아 해볼 만한 놀이입니다.

반대로 아주 뜨겁게 더위를 맞이하는 방법도 있습니다. 백차를 팔팔 끓이는 것입니다. 10년 정도 묵은 노백차를 준비합니다. 찻잎 모양이 꼭 낙엽 같습니다.

주전자에 노백차를 적당량 넣고 팔팔 끓입니다. 다 끓으면 호박빛 탕색이 됩니다. 평범한 방법으로 차를 내린 것보다 대추 같은 맛이 나고 달달합니다. 약물을 먹는 기분입니다. 대추나 감초, 계피 같은 한약재와 함께 끓이면 여름 감기에 좋다고 합니다.

더워서 차 생각조차 나지 않는 여름을 지나고 있습니다. 그나마 가끔 내리는 소나기가 차 생각을 불러옵니다. 시원하게 비가 내릴 때 빗물이 두드리는 창가를 보며 차를 마시면 시간 가는 줄 모릅니다. 장마가 지나면 매미 소리가 그치고 나도 모르게 차가 더 당기는 가을이 올 겁니다.

내가 마신 노백차

NAME 차 이름

노백차 老白茶 AGED WHITE TEA

TYPE 다류

백차 白茶 WHITE TEA

REGION 산지

중국
윈난성 雲南省

AROMA 향

꿀향

TASTE 맛

단맛, 부드러운 맛

COMMENT 한줄평

호박 같은 단맛이 나고
찻물이 매끄럽다.

가을의 향.

무이암차

청차

9月

가을

파트리크 쥐스킨트의 소설을 원작으로 만든 영화 「향수」에서 주인공은 흠모하는 여인들의 매혹적인 향기를 향수로 만듭니다. 그녀들의 생명을 빼앗고 향을 얻는 것입니다. 잔인한 이야기지만 영화에서는 배경인 프랑스의 소도시 그라스(Grasse)가 한없이 아름답게 보입니다. 드넓은 평야에 보랏빛을 뿌려놓은 듯한 라벤더 밭. 몇 년 전 꼭 가보고 싶었던 그라스로 여행을 떠났습니다.

그라스는 알프스 산맥 아래쪽에 자리 잡은 산골 마을입니다. 깎아지른 바위 절벽 아래로 옥빛의 바다와 프로방스의 평야를 모두 볼 수 있어서 지중해의 발코니라고 불립니다. 오래된 건물이 줄지은 언덕길을 올라 부티크 향수 가게를 찾아갔습니다. 그곳에서 나만의 향수를 만들어볼 수 있습니다.

향수 원료가 담긴 작은 병으로 온통 둘러싸인 책상에 앉았습니다. 베이스, 미들, 탑 최대 5가지의 향 원료를 골라야 하는데 100가지가 넘는 향을 맡고 또 맡으면서 좋아하는 향을 고르기는 쉽지 않습니다. 조금이라도 더 좋은 냄새가 나는 향을 고릅니다. 그렇게 해서 만든 향수는 그야말로 망작이었습니다. 평소 좋은 향을 구분하는 후각을 단련하지 못한 탓입니다. 한번 가기도 힘든 곳인데 아쉬움이 남았습니다. 그 후 내가 좋아하는 향을 찾기 시작했습니다. 다시 그라스에 간다면 어떤 향을 조합할까 생각합니다.

— 이 차를 향수로 만들어서 뿌리고 싶어요.

무이암차를 처음 마신 날 했던 말입니다. 난초향의 청향이 초여름의 향이었다면, 암차에서 나는 농향은 가을의 향입니다. 청차 중에서도 중국 푸젠성 우이산(武夷山, 우이산)에서 나는 차를 무이암차라고 합니다. 우이산은 바위가 많은 암산입니다. 차에서 바위의 기운이 느껴진다고 해서 암차라고 부릅니다. 바위가 많다 보니 토양에 미네랄이 풍부하고 찻잎에도 그 기운이 배는 것이겠죠.

암차의 찻물이 지나간 찻잔에 코를 대면 묵직하고 그윽한 향이 풍깁니다. 흙향, 바위향, 숯불향. 한 가지로 표현하기 어렵습니다. 이런 무게감을 바위 같다고 표현하는 것일까요. 특히 불에 그을린 향이 두드러지는데, 암차의 독특한 제조 과정에서 생기는 것입니다.

숯불의 연기와 열에 찻잎을 말렸다가 쉬고, 또 말렸다가 쉬고.... 이렇게 탄배 또는 홍배라는 정성스러운 과정을 거쳐야 특유의 향이 납니다. 불향이 무조건 강하다고 좋은 건 아닙니다. 찻잎의 질이 낮을 경우 향을 일부러 강하게 입히기도 합니다. 반대로 아주 좋은 품질의 찻잎으로 만든 암차는 탄배나 홍배의 향에 덜 기대려고 합니다. 무이암차의 아버지라 불리는 사람이 만들었다는 좋은 순종 대홍포(大红袍)를 마실 기회를 얻었습니다. 진정한 명품은 뽐내지 않아

도 은은하게 진가가 드러나는 법이죠. 다른 암차를 마실 때 느꼈던 강한 불향은 거의 나지 않습니다. 바닐라처럼 부드럽고 밀키한 향, 균형감 있는 기운이 입안을 감쌉니다. 옛사람들이 암차를 마실 때 그냥 바위의 향이 난다고 말하지 않고 암운(岩韻), 바위의 운치가 있다고 표현한 것은 그 때문인가 봅니다.

아무래도 나를 표현할 이상적인 향수를 찾는 일은 그만둬야겠습니다. 향수의 도시에 다시 간다고 해도 만들 수 없을 것입니다. 대신 요즘은 누군가 나를 궁금해할 때 향긋한 차를 한 잔 내어줄 수 있다는 것이 참 좋습니다. 천천히 다가오는 운치가 아름다운 암차처럼 은은하게 기억에 남는 사람이 되고 싶습니다.

내가 마신 무이암차

NAME 차 이름

대홍포 大红袍 DA HONG PAO

TYPE 다류

청차 青茶 BLUE TEA

REGION 산지

중국
푸젠성 福建省

AROMA 향

꽃향기, 바위향, 흙향, 숯불향

TASTE 맛

단맛

COMMENT 한줄평

불향 뒤로 꽃향기가
구름처럼 은은하게 퍼진다.

중국의 10대 명산 중 하나인 우이산은 유네스코
지정 세계문화유산과 세계자연유산으로,
36개의 봉우리와 99개의 암석이 있습니다.
우이산의 수많은 바위와 협곡 속 갈라진 바위
틈마다 각양각색의 차밭이 펼쳐집니다. 특히
정암(正岩)은 최고급 암차가 나는 곳입니다.
붉은 바위 사이로 맑은 계곡물이 흐르고 여러
가지 전설을 가진 암차들이 납니다. 그중
특히 우수하고 독특한 찻잎을 선별해서 만든
최상품 차를 무이암차 4대 명총이라고 합니다.
대홍포, 백계관, 철라한, 수금귀입니다.

○ 대홍포 大紅袍
중국의 10대 명차 중 하나로 암차의 왕이라고
부릅니다. 황제가 차나무에 붉은 용포를
하사했다고 해서 붙여진 이름입니다. 우이산
톈신옌(天心岩, 천심암) 절벽 위에 시조 격인
나무 몇 그루가 지금까지 살아 있습니다. 절벽
위로 샘물이 흘러 차나무에 좋은 영양분을
공급합니다. 이 전설의 나무를 구경하는 것이
유명 관광 코스입니다. 모수(母樹, 어미나무)의
찻잎으로는 더 이상 차를 만들지 않습니다. 대신
모수의 가지를 꺾꽂이한 차나무의 찻잎으로

만든 차가 순종 대홍포로 비싸게 팔립니다. 비슷한 지역에서 난 차에 대홍포라는 이름만 갖다 붙인 경우가 많습니다.

○ 백계관 白鷄冠

명나라 때 승려가 매와 싸우고 있는 금빛 닭을 발견하고 도왔지만 안타깝게 숨졌다고 합니다. 인근 차밭에 닭을 묻어주었더니 다음 해 그 자리에 전혀 다르게 생긴 차나무 한 그루가 자랐습니다. 잎이 흰색을 띠고 돌돌 말려 굽은 것이 닭의 볏 같다고 해서 백계관이라고 불립니다. 백계관은 향이 좋으며 맑고 단맛이 납니다.

○ 철라한 鐵羅漢

4대 명총 중에 가장 오래된 차입니다. 어떤 약으로도 낫지 않는 무서운 질병이 유행할 때 이 차를 마시고 말끔하게 나았다는 이야기가 있습니다. 차나무가 중생을 구제한 나한보살 같다고 해서 철라한이라고 부릅니다. 묵직한 바디감이 매력적입니다.

○ 수금귀 水金龜

오래전 우이산에 비가 많이 오는 날 산꼭대기에 있던 차밭이 붕괴되면서 차나무가 떠내려와 바위에 걸렸는데, 그 모습이 거북이 등 같다고 해서 수금귀라 불립니다. 균형 있는 맛을 내는데, 아직 눈이 녹지 않은 겨울 추위에 피어나는 매화인 납매의 향이 난다고 표현합니다.

서른의 맛.

아리산 우롱차

청차

10月

가을

가장 좋아하는 계절과 달을 묻는다면 단연코 가을, 그중에서도 10월이라고 말합니다. 내 생일이 있는 달이어서인지 설레는 기억이 많습니다. 어린 시절 생일은 엄마가 직접 만든 잡채와 김밥이 차려진 푸짐한 생일상, 친구들에게 알록달록 색종이 초대장을 보냈던 즐거운 파티로 기억에 남습니다. 하지만 중학교 이후 생일은 늘 중간고사와 겹쳐 그리 즐겁지만은 않았습니다. 창밖으로 보이는 눈부신 단풍이 교실에 매여 있는 나를 놀리는 것 같았습니다. 선선한 바람과 온화한 햇살이 아름다우면서도 어딘가 서글펐습니다. 이런 가을이 대학에 갈 때까지 이어졌습니다. 학창 시절 완전히 갖지 못했던 계절이어서일까요. 그래서 10월이 더 좋습니다.

지금 생각하면 부끄럽지만 서른이 되던 해에 온갖 청승을 부렸습니다. 1월 1일부터 달이 갈 때마다 '나 진짜 서른이야?', '아직 아니야. 생일도 안 됐는걸?' 하며 앞자리가 바뀐 나이를 외면하다가 10월, 생일이 와버렸습니다. 위로 삼아 소심한 반항을 꾀했습니다. 금요일부터 일요일까지 대만으로 도깨비 여행을 떠났습니다. 중간고사가 없는 서른 살, 어른의 특권입니다.

지옥편이라고도 불리는 지우편에 갔습니다. 학창 시절 좋아했던 미야자키 하야오 감독의 애니메이션 「센과 치히로의 행방불명」 속 배경지로 명성을 얻은 작은 시골 마을입니다. 경치가 좋은 찻집을 미리 예약해두었습니다. 메뉴판 끝에서 가장 비싼 차를 고릅니다. 이 역시 어른의 특권. 아리산(阿里山) 우롱차, 대만 청차입니다. 해발 1,000~1,400미터의 아리산, 대민에서 이렇게 높은 곳에서 자란 차는 더 높은 가치가 매겨집니다. 지대가 높을수록 공기가 맑고 안개가 직사광선을 가려 차에 감칠맛이 생깁니다. 귀한 차를 마시며 소소한 사치를 부려봅니다.

초저녁이 되자 건물에 홍등이 하나둘 켜집니다. 앞에는 찻물이 보글보글 끓고 있습니다. 향긋한 아리산 우롱차를 한 잔 더 내려봅니다. 정성스럽게, 괜히 더 경건하게 우립니다. 차맛이 나쁘지 않습니다. 낯선 이국의 찻집에서 오늘 생일인 나를 위해 차 한잔을 내렸다는 사실이 기쁩니다.

척박한 고산으로 올라갈수록 가치 있는 차가 나듯이 인생도 살아볼수록 이렇게 멋진 순간을 많이 겪어볼 수 있는 것 아닐까요. 30대에는 20대보다 더 많은 경험을 해야겠다는 다짐을 합니다. 세상이 무너질 것처럼 청승을 부렸던 나의 서른병은 생일 여행이 끝나고 말끔하게 나았습니다.

내가 마신 아리산 우롱차

NAME 차 이름

아리산 우롱차 阿里山烏龍 ALISHAN OOLONG

TYPE 다류

청차 靑茶 BLUE TEA

REGION 산지

AROMA 향

꽃향기

TASTE 맛

단맛, 감칠맛

COMMENT 한줄평

대만
아리산 阿里山

고산의 구름처럼 찻물이
가볍고 향긋하다.

명품과 사치품.

골동 보이차

흑차

11月

가을

우리가 봤던 보이차가 홍콩 경매에서 4억 원 넘는 가격에 낙찰되었다는 소식을 들었습니다. 다이아몬드도 아니고 우려 마시면 없어지는 차 한 덩이에 4억 원이라니, 범접할 수 없는 골동 보이차의 세계입니다. 새 기록을 쓴 그 차는 1920년대에 만들어진 홍표 송빙호입니다. 이 차를 만들 때 100년 후 다이아몬드보다 더 값이 나갈 것이라고 생각했을까요. 오래된 골동 보이차들은 대부분 홍콩의 창고에 대량으로 보관됐다가 뒤늦게 세상에 나와 몸값이 천정부지로 솟았습니다. 이제는 남은 것이 많이 없습니다. 그래서 진품과 가품을 감정하는 것이 무엇보다 중요합니다.

한국에서도 홍콩 경매에 출품할 보이차들을 감정하는 행사가 열렸습니다. 전국에서 오래된 보이차를 소장하고 있는 사람들이 모였습니다. 홍콩에서 온 전문가와 국내 골동 보이차 전문가 선생님이 감정을 맡았습니다. 두 사람은 오래된 차 한 덩어리를 포장도 벗기지 않고 유심히 살펴보았습니다. 워낙 비싼 차라 마셔보고 감정할 수 없으니 찻잎 모양과 얇은 포장지만 보고 감정할 수 있어야 한다고 합니다.

그렇다면 이렇게 비싼 차를 마실 수는 있을까요. 4억 원짜리는 아니지만 어르신들 찻자리를 기웃기웃하다 귀한 골동 보이차를 마실 기회를 얻곤 합니다. 가장 기억에 남는 것은 1950년대에 만든 홍인입니다. 그날의 메모를 그대로 옮겨봅니다.

걸리는 맛이 없고 조화가 잘 이루어진 느낌이다.

한약의 단맛이 쭉 올라온다. 목으로 올라오는 단맛이 아주 뛰어나고

여러 번 먹었을 때 단맛이 또 다르다.

뭐랄까, 밀도가 그동안의 골동 보이차와는 다르다.

완성도가 아주 뛰어난 와인을 마실 때의 느낌과도 비슷하다.

맛에서 빠지는 부분이 없는 것 같다.

차맛을 표현했더니 선생님들이 잘 느낀다고 칭찬해주셨다.

70년의 시간이 지나 내게 왔는데도 이런 감동을 주는 것을 보면 골동, 그리고 명품이 분명합니다. 고가의 골동 보이차는 이름만 중요한 것이 아닙니다. 어떻게 시간을 보냈는지도 중요해서, 10년 전 맛있던 차가 10년이 지나면 맛이 없어지기도 합니다. 반대인 경우도 있어서 가치가 완전히 바뀌기도 합니다. 홍인이 그런 사례입니다. 생산했을 때는 맛이 너무 강해서 소비자들에게 외면을 받았다고 합니다. 국내 골동 보이차 전문가 김경우 선생님의 저서 『골동보이차』[5]에는 과거 다른 차를 살 때 홍인을 덤으로 주었다는 내용이 나옵니다. 인기가 없다 보니 대량으로 창고에 남았고 그 안에서 맛있게 익어 몇십 년 뒤 반전을 보여주게 된 것이죠. 어릴 때 모습만으로는 커서 어떤 사람이 될지 모르는 것처럼 말입니다.

사치품과 명품. 같은 물건이어도 어디에 있고 누가 소장하느냐에 따라 가치가 달라집니다. 빈센트 반 고흐의 그림이 부잣집 창고에 숨겨져 누구도 볼 수 없다면 그저 소장용 사치품에 불과하지 않을까요. 아름다움을 알아보는 사람들이 감상함으로써, 비로소 진정한 명품이 되도록 생명을 불어넣어 주는 것이죠.

차도 마찬가지입니다. 검찰 수사를 받던 모 기업 회장의 법인카드 내역에 비싼 보이차가 있었습니다. 그 사람에게는 수억 원짜리 보이차가 자신의 부를 자랑하거나 불리는 수단이었을지 모릅니다. 그래서 골동 보이차를 애호하는 선생님들은 높은 가격만 부각되는 것을 경계합니다. 차가 사치품이 되어서는 안 되니까요. 투자나 과시보다 좋은 차의 가치를 아는 사람들이 골동 보이차를 오래 즐기길 바랍니다.

내가 마신 골동 보이차

NAME 차 이름

홍인 紅印 RED SEAL

TYPE 다류

흑차 黑茶 DARK TEA

REGION 산지

중국
윈난성 雲南省

AROMA 향

한약향, 꽃향, 나무향, 진년향(오래된 향)

TASTE 맛

단맛, 떫은맛, 짠맛 등 조화로운 맛

COMMENT 한줄평

입안 전체를 감싸는 오미의
조화로움, 오래된 차의 단맛이
목구멍에서 부드럽게 올라온다.

화려한 안녕。

대
금
침

홍
차

12
月

다
시
겨
울

12월은 사람으로 인한 스트레스가 유독 많은 달입니다. 휴대전화 캘린더를 메운 약속들이 피하고 싶은 의무로 느껴지기도 합니다. 수많은 송년회를 뛰어다니며 나의 시간은 부족해지고 매일 아침 얼굴도 더 붓는 것 같습니다. 술이 살짝 모자라다고 느끼며 늦은 밤 집에 들어가다 아파트 1층 로비에서 거울에 비친 나를 한참 바라봅니다. 무언가 허전합니다. 왜 가장 바쁜 시기에 외로움을 느끼는 걸까요.

사람이 무기력감에 빠지면 쉴 때 뭘 할지도 정하지 못하는데, 우습게도 불을 보면 힐링이 되더군요. 뜨거운 불을 하염없이 쳐다보면 마음속 지친 부분들이 치료되는 것 같습니다. 캠핑을 가서 1시간씩 불 앞에만 앉아 있는 것은 기본. 불 구경을 하겠다고 강원도의 전통 숯 제조 가마에도 가봤습니다. 장인이 통나무를 활활 태운 가마를 열어서 숯을 긁어냅니다. 일주일 동안 불을 버틴 숯은 더 이상 나무가 아니라 금속에 가까워져 벌건 금빛으로 눈부시게 빛납니다. 태운다는 것이 끝이 아니라 새로운 탄생이라고 느끼는 순간입니다. 금빛 새로운 탄생.

한 해를 보내는 12월엔 금빛 대금침 홍차가 어울립니다. 새해를 시작하는 차로 정한 백호은침처럼 솜털이 보송보송한 새싹으로 만들었지만 햇빛에 시들어 금빛을 띱니다. 그 색이 12월에 어울립니다.

솜털은 그대로 살아 있고 색깔만 달라진 모습이 신기합니다.

대금침은 원난성 커다란 찻잎의 새싹으로 만듭니다. 정산소종 같은 푸젠성 홍차가 섬세하고 새콤하다면 원난성 홍차는 고구마류의 향과 부드러움이 특징입니다. 커다란 대엽종 잎에서 나는 시원함도 느껴집니다.

12월 말 송구영신을 하는 다회에 갔습니다. 차를 나눠 마신 다음 떠나보내고 싶은 것들을 예쁜 카드에 쓰기로 합니다. 올해와 함께 무엇을 떠나보낼까 깊이 고민하다 나를 힘들게 했던 누군가에 대한 마음을 씁니다. 왜 그렇게 미워했고, 미워하면서 내가 힘들어했을까? 그 마음만큼은 새해에 가져가고 싶지 않습니다. 모두 마당에 모여 카드를 양철통에 넣고 불을 붙입니다. 고구마를 굽는 것도 아닌데 달콤한 불 냄새가 피어오릅니다. 떠나보낸다는 것도 때론 달콤하고 시원한 일인가 봅니다.

떠나 보내는 마음을 생각했지만, 사실 대금침은 누군가와 나눠 마시기 좋은 차입니다. 금빛으로 빛나는 찻잎이 워낙 아름다워서 마시기 전에 상대방의 눈도 즐겁게 해줍니다. 새해에는 미워했던 그 사람과 대금침 홍차 한잔 내려 마셔야겠습니다.

내가 마신 대금침

NAME 차 이름

대금침 大金針 GOLDEN NEEDLE

TYPE 다류

홍차 紅茶 BLACK TEA

REGION 산지

중국
윈난성 雲南省

AROMA 향

고구마향, 밤향

TASTE 맛

달콤함, 부드러움

COMMENT 한줄평

고구마와 밤, 호박류의
단맛과 향이 구수하다.

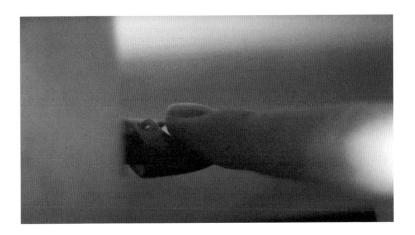

3

차 순례기

차를 테마로 떠난 여행들

최근에 여행 콘셉트를 정하는 중요한
기준이 하나 더 생겼습니다. '차'라는
테마입니다. 직장 생활을 하며 차의
취향을 가꾸는 것이 쉽지 않으니
휴가 때라도 관심사와 관련된 경험을
깊게 해보고 싶은 겁니다.
여행 중 차의 시간을 갖는다는 것이
멋지기도 하고요. 일상의 차 생활과는
또 다른, 여행지에서 만난 차 이야기를
나눠볼까 합니다.

시간의 숲, 윈난성

중국

시간이 지나면서 맛이 달라지는 차.

구름의 남쪽, 윈난(雲南)의 차나무로만 만드는 차.

현대에 와서 몸값이 폭등했고,

오래된 차나무에서 난 찻잎은 가치가 높다.

온갖 설명을 들어도 보이차의 핵심이 그려지지 않았습니다. 윈난성의 찻잎은 어떤 점이 특별할까? 왜 수십 년 보관하면 맛있어진다는 걸까? 어려웠습니다. 보이차를 제대로 알고 싶다는 욕심이 생겼습니다. 기자로서 취재를 하듯 이해되지 않는 내용을 내 눈과 귀로 차곡차곡 알아가고 싶었습니다. 그러다 운 좋게도 차 사업을 하시는 분들 사이에 껴서 윈난성을 방문할 기회를 얻었습니다. 2019년 봄에 떠난 윈난성 여행 일기를 공유합니다.

2019년 4월 14일, 쉬상판나 도착.

쿤밍 공항을 경유해서 징훙 공항에 도착하니 밤 11시가 넘었다.

윈난성의 허브인 쿤밍 공항은 인천공항보다 크지만 징훙 공항은 귀여울 정도로 작다. 4월 이곳의 날씨는 동남아처럼 덥고 습하다.

숙소에 가기 전 맨 먼저 들른 곳은 현지 과일 가게. 망고스틴, 용과, 두리안... 열대 과일 천국이다. 값도 터무니없이 싸다.

새벽 1시 가 다 됐지만 객잔 1층에 마련된 다실에 모여 일행들과 차와 과일을 먹는다. 로비에 커다란 차탁이 여러 개 마련된 모습이 이채롭다. 차의 도시답다.

2019년 4월 15일, 소수민족 축제.

아침 창밖으로 마을 사원이 보인다. 불교 사원이 마치 앙코르와트처럼 생겼다. '민족 전시장'[6]이라 불릴 만큼 소수민족이 많은 도시라 풍경이 내가 알고있던 중국과는 또 다르다. 오늘은 발수제, 소수민족 태족의 축제날이다. 서로 물을 뿌려주며 축복을 빈다고 한다. 오전 10시가 되자 마을이 시끄러워진다. 온 도시가 물총 싸움을 시작한다. 사장님이 우리 일행도 참여해보라며 큰 물총을 준비해 놓으셨다. 당황 반 기대 반이다. 호텔마다 큰 물통이 놓이고 전쟁 시작. 관광객들은 제자리에 서서 수비하기 바쁘지만 현지인들은 훨씬 공격적이다. 트럭을 타고 지나가며 물을 뿌리는 사람, 위층에서 바가지째 물을 퍼붓는 사람, 아예

살수차를 동원해 호스로 쏘아대는 사람. 공격법도 가지가지다.

다들 흠뻑 젖었지만 축복을 맞아서인지 표정은 즐겁다.

저녁에는 강변 야시장에서 각종 음식을 사 먹었다. 중국인 수에이 언니가 골라준 음식이 하나같이 맛있다. 매콤한 소스에 찍어 먹는 딱딱한 망고도 맛있고, 악명 높은 취두부도 여기서 먹으니 맛있다. 맥주와 함께 먹는 작은 가재 요리는 중국인들에게 치맥 같은 야식이라고 한다. 차 공부를 하러 와서 이런 축제 기분을 느낄 줄이야. 밤늦게 숙소에 들어와서 또 차를 한잔 마신다. 맥주를 몇 잔 했는데 술을 더 마시지 않고 차로 마무리하는 것이 재밌다. 호텔 투숙객이 무심히 주고 간 무이암차가 맛있다.

2019년 4월 16일, 징마이산에 들어가다.

드디어 차산에 들어가는 날이다. 수에이 언니의 차를 타고
구불구불 산길을 한참 달린다. 푸젠성에서 온 언니는 운전을
터프하게 잘한다. 하지만 길이 일차선이어서 앞에 느릿느릿
한 화물차가 등장하면 꼼짝없이 속도를 늦춰야 한다. 언니의
중국어 투정을 듣는 것도 재밌다.

한참을 달려 징마이산(景邁山, 경매산)에 도착했다. 차산 입구에서
검문을 한다. 가짜 찻잎을 들여와 징마이산 차라고 속여 파는 것을
막기 위해서라는데, 그만큼 이 지역의 순수한 찻잎이 귀하다는
뜻이다.

도착하자마자 현지 주민들과 함께 마을 꼭대기 사원으로 간다.
이곳도 태족의 마을이라 발수제 축제가 한창이다.

각자 집에서 싸 온 음식을 한 상씩 펼쳐놓고 둥글게 돌려가며
먹는다. 어느 집 음식이 맛있나 비교해보는 재미가 있다.
아이들은 뒤에서 물장난을 친다. 밥 먹는 시간이 끝나자 다 같이
뱅글뱅글 돌며 춤을 춘다. 또 축제라니. 차 공부가 아니라 축제를
즐기러 온 것 같다는 생각마저 든다. 황금빛 사원에 노을이 걸린다.
이곳 해는 유독 노랗고 붉다.

시끄러운 축제 소리를 뒤로하고 사원 앞에 서서 눈을 감는다.
서울에 마음 걸리는 일을 두고 왔다. 그 일도 차 여행도 잘되게
해달라고 기도한다. 여행 중에는 이상하게 기도를 더 자주 하게
된다. 이국의 사원에서 나의 신에게 기도하다니. 묘한 순간이다.
'암씨 아저씨'네 객잔에 머물게 됐다. 조상에게 귀한 차나무를
물려받아 대대손손 먹고 살 걱정 없는 운 좋은 집이다.
차 못지않게 술도 좋아하는 아저씨에게는 귀여운 꼬마 아들이
하나 있는데, 부인이 둘째아이를 가졌다는 기쁜 소식을 오늘
들었다고 한다.

오늘 딴 찻잎을 가마솥에 덖는다. 드디어 차 만드는 과정을
보는 것이다. 장작 가마에서 나무가 타다닥 타는 소리가 정겹다.
검은 솥에 물을 붓자 치익 소리가 올라온다. 초록 잎을 솥에 넣고
인부들이 장갑 낀 손으로 찻잎을 덖기 시작한다. 솥 위에서
찻잎이 춤추는 모습이 경쾌하다. 나에게도 해보겠냐고 묻는다.
비싼 찻잎을 태울까 무섭지만 이런 경험을 놓칠 수 없다. 팔을 걷어
붙이고 도전한다. 솥 속으로 손을 넣자 뜨겁다. 찻잎을 공중으로
계속 띄워야 하는데 은근히 무겁다. 찻잎이 익으며 철관음에서
나던 향긋한 꽃향기가 난다. 열기에 의해 순간순간 달라지는
찻잎의 모습이 살아 있는 생명체 같다. 한국에서 온 꼬맹이가
열심히 하는 모습이 웃긴지 중국 친구들이 내 모습을 휴대전화로
찍으며 웃는다.

2019년 4월 17일, 차나무 숲.

새벽 일찍 일어났다. 빛이 가장 아름다운 순간 차나무 숲을 만나기
위해서. 이곳 해는 서울보다 두 배쯤 느리게 움직이는 듯하다.
덕분에 아침의 태양빛과 저녁의 노을빛을 오래 즐길 수 있다.
숲에 가기 위해 마을 꼭대기로 올라갔다. 보이차 가치가 워낙 올라
마을 주민들은 대부분 부자가 됐다지만 포장도로가 얼마 전에
겨우 깔린 시골이다. 시원한 냉커피 한잔 마실 곳도 없고,
슈퍼마켓에서 산 코카콜라 한 캔으로 문명을 즐긴다. 마을 한가운데
도살될 검은 돼지가 처량하게 묶여 있다. 곧 아침거리로 팔려갈
신세. 오토바이 행렬이 뒤따라오기 시작한다. 이른 아침부터
찻잎을 따러 가는 사람들이다.
징마이산 꼭대기. 커다랗고 오래된 차나무 숲이 있다. 위에서
바라보면 숲이 손바닥 모양이라고 '따핑장(大平掌, 대평장)'이라
한다. 차나무와 빌딩만큼 높은 열대의 나무, 작은 풀들이 섞여
사는 야생 숲이다. 아직 사람이 없는 차나무 숲에 아침 안개와
낮은 빛이 고요하게 퍼진다. 자연이 주인인 신성한 분위기에
압도되어 잠시 말을 잊는다. 이국의 새소리는 노래처럼 귀에 편하다.
고운 찻잎 하나를 오랫동안 들여다본다.

높은 산에서 난 귀한 찻잎은 사람이 손으로 하나하나 따야 한다. 나무에 올라가서 하루 종일 손으로 딴 찻잎은 모아도 모아도 한 비구니. 고산에서 나는 차는 그래서 비싼가 보다. 찻잎을 잠시 그늘에 두고 시들게 했다 불에 덖고, 다음 날 아침에 찻잎을 넓게 펴서 햇볕에 말린다. 윈난성 보이차만의 레시피다. 찻잎에 '해의 맛'을 입힌다고 표현한다. 이곳의 해가 다른 곳보다 길고 아름답다는 걸 여기 사는 사람들도 아는 것일까.

2019년 4월 18일, 보이차 완성.

햇빛에 말린 찻잎을 다시 정성껏 손으로 골라낸다. 나뭇가지나 큰 잎, 탄 잎은 빼낸다. 이런 부스러기들을 '황편'이라고 부르는데, 황편만 따로 모아 마시기도 한다. 황편까지 골라내고 나면 올해의 햇차, 보이생차 완성이다. 이대로 마시기도 하고, 오래 보관하기 위해 둥글납작하게 압축하기도 한다. '긴압'이라는 과정이다. 기계로 하는 곳도 있지만 증기로 찻잎의 부피를 줄인 다음 큰 돌을 이용해 사람의 힘으로 누르는 전통 방식도 여전히 사용한다. 사람 손이 끝까지 참 많이 간다.

내 이름을 새겨 넣은 올해의 햇차 두 덩이를 받았다.

차가 만들어지는 과정을 처음부터 끝까지 함께한 터라 매우

소중하다. 10년은 두었다가 먹어야겠다는 생각이다. 한 덩이는

2년쯤 있다가 먹어볼까. 덩어리를 깨서 먹을 때 이 여행의 어떤

장면이 떠오를까.

늦은 밤 암씨 아저씨의 차실에서 새 차를 시음한다. 징마이산의

햇차 중에서도 가장 비싼 고수단주(한 그루의 나무에서 딴 찻잎으로

만든 차)는 갓 만든 생차인데도 날 선 맛이 없고 부드럽다.

특히 목구멍으로 올라오는 단맛이 신기하다.

차를 마시던 암씨 아저씨가 어느새 꼬치 요리를 배달시키더니

알 수 없는 담금주를 가져온다. 이곳에서는 '깐배' 하면 원샷을

해야 한다. 독하다. 말도 잘 안 통하는 한국 여자아이가 술을

잘 마시니 현지 친구들은 재밌어한다. 사흘 사이 술자리 중국어가

늘었다. 건배사도 하고 징마이산 마을의 노래도 배웠다.

'징마이산이 당신을 환영합니다. 집집마다 환영합니다.

높은 산 운무가 좋은 차를 자라게 하고....'

2019년 4월 19일, 보이숙차 창고 견학.

겨울에는 차를 만들지 않지만 날씨가 좋고 운무도 아름다우니
꼭 놀러 오라고, 암씨 아저씨가 몇 번이나 말한다. 차-술-차-술
또 하자며. 말도 안 통하는데 매일 밥 먹고 차 마시다 며칠 만에
친구가 됐다.

아쉬운 마음으로 징마이산을 뒤돌아보며 내려간다. 올라올 때
보지 못했던 것이 보인다. 맨 꼭대기는 오래된 고수 차나무,
중간 지대는 낮은 생태 차나무밭이 규칙적으로, 더 내려가면 값이
싼 재배 차밭이 있다. 귀할수록 위에 있는 것일까. 하지만 내 눈엔
이 산의 모든 차밭이 아름다워 보인다. 이렇게 많은 찻잎이 자라서
어느 곳의 누구에게 위로가 되어줄까.

보이차의 도시, 멍하이(勐海, 맹해)로 가서 보이숙차 만드는 창고를
견학했다. 1970년대 이곳 멍하이에서 '악퇴(渥堆)'라는 보이숙차
숙성법이 개발됐다. 오래된 보이차의 맛을 대중적으로 즐기기
위해 숙성 시간을 줄이는 방법이다. 어떻게 하는지 눈으로 보고
싶었는데 좋은 기회다.

해가 잘 드는 커다란 창고로 갔다. 창고 바닥에 커다란 찻잎
무더기가 여기저기 쌓여 있다. 이렇게 찻잎을 무더기로 쌓아놓고

깨끗한 물을 뿌린 뒤 천을 덮어 열을 발생시킨다. 그냥 물이
아니라 산에서 길어 온 약수를 뿌린다며 공장 아저씨가 한잔
마셔보라고 건넨다. 생각보다 간단한 공정이다. 이런 과정만으로
찻잎이 변하는 것이 신기하다. 숙성이 거의 다 된 찻잎은 퇴비
덩어리처럼 변한다. 손을 넣어보니 속이 뜨끈뜨끈하다. 숙성되면서
열이 나는 것이다.

보이숙차도 어떤 재료를 쓰느냐에 따라 가격이 천차만별이다.
찻잎 무더기 향이 너무 좋아서 물어보니 빙다오(氷島, 빙도)라는
지역에서 나는 최고급 찻잎으로 만드는 숙차라고 한다.
그냥 구워 먹어도 맛있는 최고급 안심으로 장조림을 하는
격이랄까. 보이차는 위생적이지 않다는 이야기도 많이 들었는데

직접 견학해보니 공장 시설이 깨끗하다.

보이숙차 제조법을 만든 선생님 중 한 분을 찻자리에서 마주쳤다.

이제는 완연한 할아버지가 되셨다. 모든 사람들이 존경하는

눈빛으로 바라본다. 갑자기 인기를 얻었지만 턱없이 부족했던

오래된 보이차. 악퇴라는 '타임머신'을 개발해서 많은 사람들의

수요를 채워준 아이디어가 대단하다.

2019년 4월 20일, 여행에서 배운 것.

정든 일행들과 수에이 언니와 마지막으로 가재 요리에 맥주를

한잔했다. 그리고 또 과일 가게에 들렀다. 끝까지 맛있는 것 먹고

가라고 챙겨주는 마음이 고맙다. 가방 안에는 차농 친구들이

넣어준 차 선물이 한가득이다. 암씨 아저씨 이야기만 썼지만

마을을 다니며 같이 어울린 현지 친구들이 많다. 차를 찾아갔더니

사람들과 인연까지 생겼다.

한 번의 여행만으로 보이차의 핵심을 제대로 이해하지는 못했다.

대신 보이차를 마실 때 마음속에 그려지는 것들이 많아졌다.

차가 자라는 신비롭고 울창한 숲. 찻잎을 따는 사람, 만드는 사람.

이 차가 내게 오기까지 거쳤을 윈난성의 구불구불한 길들과 그 위를 둥둥 떠다니는 아름다운 구름. 차 한잔이 다르게 느껴진다.

나 홀로 다실、교토

일본

교토는 혼자 조용히 차의 시간을 갖기 좋은 도시입니다. 차 마시는 공간을 집에 따로 마련하는 것, 이런 로망을 교토에서 잠시 이룰 수 있습니다. 고도(古都)답게 전통 양식으로 훌륭하게 꾸며진 숙소가 많고 대부분 적당한 다구를 갖춰놓았습니다. 그래서 이번 일본 여행의 테마는 아름다운 다실을 갖춘 숙소에 머무는 것입니다. 여행 전 숙소를 탐색하는 시간부터 즐겁습니다.

첫 번째 숙소   강변의 테라스

갈 때마다 참 좋다고 생각했는데, 세 번째 가고서야 강 이름을 외웠습니다. 교토의 카모가와(鴨川). 바람에 살랑살랑 흔들리는 수양 버들이 늘어서 있습니다. 흘러가는 강물과 이보다 잘 어울리는 나무가 있을까요. 강을 따라 늘어선 건물들은 옛날식 그대로입니다. 일본식 목조 건물과 근대식 석조 건물들이 높지 않게 줄지어 있습니다. 밤이 되면 노포마다 노랗고 빨간 조명이 하나둘 들어오는데 은은한 불빛이 낭만적입니다. 강 옆 상점가 좁은 골목에서 옛 노래까지 흘러나오면 에도(江戶)니, 헤이안(平安)이니 하는 오래전 시대로 거슬러온 것 같습니다.

카모가와에서 한 블록 뒤로 가면 타카세가와(高瀬川)라는 운하가 흐릅니다. 이 작은 물길도 좋아합니다. 봄에 왔을 때는 흐드러진 벚꽃잎이 운하 위로 후두두 떨어지는 모습에 마음이 빼앗겨 한참을 서 있었습니다. 졸졸 흐르는 운하 위로 오래된 작은 가게들이 늘어서 있습니다. 한번은 배가 고파 타카세가와의 낡은 노포에 들어간 적이 있습니다. 아주머니께 아무거나 달라고 하자 바로 만들어준 못생긴 달걀말이가 달달하고 맛있었습니다. 따뜻하게 데워준 사케는 또 왜 그렇게 잘 넘어가는지. 주인아주머니와 할머니가 허겁지겁 잘 먹는 내 모습을 재밌게 보던 기억이 포근하게 남아 있습니다. 다시 찾아간 교토, 카모가와와 타카세가와 사이에 숙소를 잡았습니다. 입구는 타카세가와, 창문은 카모가와 쪽으로 나 있습니다. 이름도 교토 리버뷰 하우스입니다. 이 숙소에는 다다미가 깔린 전통 다실도 있는데, 가장 기대했던 공간은 강이 보이는 테라스입니다. 난간 바로 아래 카모가와가 흐르고 작은 다리와 오솔길, 낮은 집들, 산, 교토의 모습이 정겹게 펼쳐집니다.

주전자에 물을 올립니다. 시장에서 산 과자를 다식으로 준비하고 테라스에서 차를 한잔 내립니다. 숙소에 준비된 센차(煎茶, 전차)입니다. 비가 내려 테라스 난간에 물방울이 똑똑 떨어지는데 그 느낌이 시원하고 좋습니다. 비 오는 날과 부드러운 일본 녹차의 맛이 잘 어울립니다. 빗소리가 함께하는 차의 시간입니다. 내 집은 아니지만 카모가와, 타카세가와라는 이름도 드디어 외우고 교토와 한층 친해진 기분입니다. 차를 다 마시면 운하에 산책하러 가야겠습니다.

「호타루의 빛」이라는 일본 드라마가 있습니다. 쐐 오래된 인기 드라마인데, 방영한 지 10년이 지나 정주행을 했습니다. 같은 회사에 다니는 부장과 호타루가 우연히 같은 집에 살게 되면서 사랑에 빠지는 내용입니다. 뻔한 줄거리지만 유쾌하면서도 따뜻한 분위기가 좋았던 드라마입니다. 특히 가장 좋아하는 부분은 부장과 호타루가 툇마루에 앉아 마당을 보며 맥주를 한잔하는 시간입니다. 매회 등장하는 장면인데 참 정겹습니다. 오래된 툇마루의 만질만질한 나무 바닥을 쓰다듬고 시원한 마당을 바라보며 무언가를 마시는 일. 보기만 해도 기분 좋아집니다.

교토 두 번째 숙소는 툇마루가 있는 작은 정원이 딸린 빌라입니다. 툇마루가 있는 정원 사진을 보고 바로 골랐습니다. 단점은 위치입니다. 숙소 주변이 전부 사찰이라 찾아가는 길이 미로 같습니다. 비석이 가득한 일본 사찰들이 주위를 둘러싸고 있는데, 땅거미까지 지니 점점 무서워집니다. 겁에 질려 한참을 걸어가자 옛날 목조 가옥 모습 그대로인 숙소가 나옵니다.

집 내부가 온통 옅은 자작나무로 만들어진 깔끔하면서 전통적인, 그야말로 젠 스타일입니다. 사실 너무 절제된 분위기라 또 무서운 기분이 듭니다. 괜히 '아!' 하고 허공에 소리를 내봅니다.

욕조에 물을 받습니다. 물 떨어지는 소리가 고요를 깹니다. 욕조에 몸을 담그며 차를 마시려고 이번 여행에서 새로 산 찻잔을 꺼냅니다. 후지산을 형상화한 찻잔이 아주 마음에 듭니다. 산 위에 눈이 쌓인 것처럼 색이 오묘하게 배합되어 있습니다. 낯선 곳에서 집을 찾느라 긴장된 마음이 뜨거운 물에 몸을 담그고 차를 마시면서 조금 풀립니다. 밤에 잠도 잘 옵니다.

아침, 밤사이 비가 내려 정원이 젖어 있습니다. 마치 호타루가 된 듯 정원 밖으로 발을 내놓고 툇마루에 걸터앉아 봅니다. 차를 내립니다. 오늘 아침에도 후지산 찻잔. 마침 숙소에 준비된 찻주전자와 내 찻잔이 잘 어울립니다. 나카무라 토키치에서 산 호지차를 내립니다. 벽에 등을 기대고 가만히 차를 마십니다. 편안합니다. 나무와 돌멩이에 맺힌 빗방울을 보고 있으니 잠깐 시간이 멈춘 것 같습니다. 작은 정원과 툇마루가 만드는 시간이 풍성합니다.

귀여운 트램을 타고 교토 근교 아라시야마로 이동합니다. 헤이안 시대부터 귀족들의 별장지로 개발됐다는 동네입니다. 아기자기 한 물건들을 파는 상점가를 따라 걷다 보면 이곳의 명물인 대나무 숲, 치쿠린이 나옵니다. 억새로 대나무 숲길을 정갈하게 정리해두 었습니다. 잎들이 부딪히며 바스락바스락 흔들리는 소리가 시원 합니다. 대나무 숲 사이로 기찻길이 지나가는 모습이 어딘가 일본 스럽다고 생각합니다.

숙소는 노천 온천이 있는 오래된 료칸입니다. 인테리어가 고풍스 러운 일본 객잔 스타일입니다. 객실 안에 큰 창이 있는 다실이 마음 에 들어서 선택했습니다. 창밖으로는 눈이 시원할 정도로 푸른 정 원이 보입니다. 미닫이문으로 객실과 다실을 분리할 수 있습니다. 다기도, 공간도 동양적이지만 서양 차를 내려 마십니다. 며칠 전 도쿄에서 산 프랑스 브랜드의 차를 맛보고 싶습니다. 홍차에 캐러 멜 향을 첨가한 마리아쥬 프레르의 '마르코 폴로'입니다. 이탈리 아에서 태어나 중국 원나라에서 관직을 얻어 살다 유럽으로 돌아 가서 『동방견문록』을 쓴 마르코 폴로. 독특한 배합이 자극적이면 서도 알쏭달쏭한 차맛으로 경계를 오가는 삶을 살았던 그 사람을

표현한 걸까요? 잠시 창을 보며 생각에 잠깁니다.

밤이 되고, 도시의 또 다른 명물 도게츠교를 보러 강가에 갑니다. 비가 많이 내려 강물이 꽤 불었습니다. 도게츠교(渡月橋), '달이 건너는 다리'라는 뜻입니다. 목조 다리에 달빛이 묘하게 비칩니다. 물 흐르는 소리만 들립니다. 달이 다리를 건너다 멈추었나. 밤이 아름답게 고요합니다.

타이베이의 주말

대만

휴가를 내기 어려워 금요일 밤 출발해 일요일에 돌아오는 도깨비 여행의 고수가 됐습니다. 일본 도쿄, 교토, 삿포로, 후쿠오카, 중국 상하이, 홍콩, 마카오까지 도깨비 깃발을 꽂았는데 이번에는 좀 더 먼 느낌인 대만 타이베이에 도전합니다. 테마는 힙한 찻집과 다구숍에서 득템하기. 차와 다구를 하나둘 모으는 재미에 막 빠진 참이라 짧은 시간 쇼핑을 하며 업무 스트레스를 풀고 싶었습니다. 최대한 타이베이의 분위기를 느끼려 주택가 숙소를 선택했습니다. 에어비앤비에서 예약한 다안구(大安區)의 숙소는 출입문이 재밌게도 카레 가게 안에 있습니다. 영업이 한창인 음식점 안에 들어가서 손님들 사이를 지나 주방 뒤쪽 문으로 들어가면 방으로 올라가는 좁은 계단이 나옵니다. 꼭 「안네의 일기」에 나오는 은신처 같습니다. 깔끔한 현지 스타일의 숙소는 화분이 싱싱하고 마을 쪽으로 큰 창이 난 주방이 예쁩니다. 동네를 내려다보며 목욕할 수 있는 욕실도 마음에 듭니다.

집에서 5분 거리 우육면집에서 첫 식사를 했습니다. 반갑게도 가게에 백종원 씨의 사인이 있습니다. 여기까지 와서 맛집 인증을 하고 가셨네요. 우육면에 넣을 여러 가지 고명을 선택하는데, 낯선 중국풍 재료들 앞에서 살짝 주저합니다. 겁쟁이는 결국 가장 기본 메뉴를 선택했습니다. 맛있습니다. 진한 우육탕면의 육수가 이국에 왔다는 것을 실감 나게 해줍니다.

가장 먼저 찾아간 곳, 디화제는 다구나 차를 사기 위해 관광객들이 많이 들르는 오래된 전통 거리입니다. 100년 전부터 찻잎이나 각종 잡화를 취급하는 시장이 열렸다고 합니다. 빨간색이나 노란색 벽돌로 지어진 근대식 건물들이 그대로 보존돼 있습니다. 민이청(民藝埕)이라는 도자기 가게에 들어갔다가 첫 번째 다구 쇼핑을 했습니다. 1920년에 지어진 고택에서 차 도구와 골동 기물을 팝니다. 촌스러운 기성 제품도 많지만 잘 찾아 보면 눈길을 끄는 예쁜 물건들이 숨어 있습니다. 역시 탐날수록 가격은 착하지 않습니다. 고민하다 찻잔을 몇 개 샀습니다. 골동 찻잔 2개와 우리 봄이를 빼닮은 강아지가 그려진 큰 잔을 골랐습니다. 끝까지 고심하다 결국은 사지 않은 주석 차판은 지금도 생각납니다. 역시 많이 고민될 때는 사는 게 답입니다.

디화제 메인 거리에는 19세기의 오래된 건축물들이 우뚝 서 있습니다. 서점도 들어가 보고 길거리 간식도 먹어봅니다. 영화 세트장처럼 허름하면서도 고풍스러운 옛날 골목골목이 예쁩니다. 예스러운 곳을 좋아하는 나 같은 사람은 걸음걸음 사진 찍느라 바쁜 곳입니다.

티이베이에는 을지로처럼 옛 건물을 힙하게 개조한 장소들이 많습니다. 송산문창원구는 일제가 지은 송산담배공장을 시민을 위한 공간으로 바꾼 곳입니다. 건물에 들어서자마자 일본 학교 같다는 느낌을 받았습니다. 복도를 따라 교실 같은 공간들이 이어지고 그 안에 여러 상점들이 있습니다. 소소한 물건들을 구경하다 잠깐 카페에 들어가 여행 일기를 씁니다. 아무도 없는 2층에 올라가서 복도를 또각또각 걸어봅니다. 오래전 이곳에서 어떤 일이 있었을까 상상하게 되는, 옛 건물의 운치가 있습니다.

디지이너 지인이 대만에 가면 꼭 들러보라고 추천한 곳입니다. 키 큰 나무들이 늘어선 동네 골목길을 한참 걸어서 도착한 티숍은 생각했던 것보다 작습니다. '울프티숍'이라는 이름처럼 곳곳에 귀여운 늑대가 그려져 있습니다. 아리산에서 티 셀렉터로 일하시는 아버지의 업을 이어받아 딸이 젊은 차 브랜드를 만들었다고 합니다. 브랜딩도 훌륭하고 차 품질도 좋아 일본에서도 인기가 많다고 들었습니다. 직원이 관심 있는 차를 모두 시음해볼 수 있도록 친절하게 도와줍니다. 2층에 있는 다락방 같은 공간을 다실로 예쁘게 꾸며놓았습니다. 사진 찍고 싶은 욕심이 나는 공간입니다. 슬쩍 다락방에서 차를 마셔도 되냐고 물어보니 흔쾌히 허락해주었습니다. 아쉬웠던 이번 여행의 여유를 다락방에서 잠시 찾아봅니다. 마치 전세를 낸 기분, 도깨비 여행자에게 차 마시는 시간을 줘서 참 고마운 가게입니다.

2박 3일짜리 도깨비 여행에 지옥행까지 택했습니다. 지옥편. 타이베이 근교 지우펀에 사람이 하도 많아서 붙은 별명입니다. 좁은 골목은 사람들로 꽉꽉 차 있습니다. 바다가 보이는 찻집에서 차를 마신 이야기는 앞서 소개했습니다. 그 다음으로 들른 또 다른 차관에서 마지막으로 각종 다구를 득템했습니다. 마을 꼭대기에 있는 지우펀차팡이라는 곳입니다. 오래된 찻집이라 골동 다구들이 많고, 자체 디자인한 자사호와 대만 작가들이 만든 도자기를 팝니다. 알록달록한 자사호부터 구경합니다. 고민고민하다 진열되어 있는 초록빛 자사호를 골랐습니다. 새 상품을 가져가라고 하는데, 아무리 봐도 진열된 것이 더 좋아 보여서 그걸 가져왔습니다. 손잡이 끝이 하늘로 치솟은 특이한 모양입니다.

도깨비 여행의 끝이 다가오는데, 예쁜 물건이 너무 많아 발길이 떨어지지 않습니다. 대만 작가들이 만든 백자 다구를 한참 구경합니다. 도자기에 그려진 그림이 섬세할수록 값이 나갑니다. 좋은 것을 보고 나니 상대적으로 저렴한 것들에는 눈이 가지 않습니다. 잔을 하나만 산다는 것이 세트로 사버렸습니다. 나비와 꽃이 그려진 고운 잔입니다. 집에 가서 가족들과 하나씩 쓸 생각입니다.

지우펀 차관에서 발길을 재촉해야 했던 이유가 있습니다. 서른 살 생일 기념으로 온 것이라 촉박해도 꼭 해보고 싶었던 것이 있습니다. 첫사랑을 그린 대만 영화 「그 시절 우리가 좋아했던 소녀」에 나와 더 유명해진 장소죠. 첫사랑을 하거나 첫사랑이 될 나이도 한참 지났지만 스펀 기찻길에서 풍등을 날리고 싶었습니다. 택시를 잡습니다. 시간이 급하다면서도 잠깐 멈춰 지우펀 야경 사진을 찍고, 절벽 길을 돌아돌아 내려와 스펀으로 향합니다.

택시가 자꾸 외진 곳으로 갑니다. 이상합니다. 설상가상으로 비까지 내립니다. 이러면 풍등을 못 날리는데.... 마음이 초조해집니다. 미터기 요금도 너무 많이 올라갔습니다. 택시 기사님이 갑자기 조용한 마을에 내려줍니다. 이런 곳에 관광지가 있을까 싶습니다. 하늘에 풍등도 보이지 않습니다. 기사님이 알려준 방향으로 걸어가 기차역 쪽으로 들어가자 시끌시끌해집니다. 기찻길 옆은 온통 풍등과 군것질거리를 파는 상점입니다. 다행히 비가 그치고, 하늘 위로 알록달록 풍등이 하나둘 올라가기 시작합니다. 그 모습을 보기만 해도 마음이 설렙니다.

풍등에 글씨를 쓰라고 붓을 줍니다. '소원을 쓸까' 고민하다 크게

'타이베이의 주말'이라고 씁니다. 이 여행 자체가 가장 남기고 싶은 선물입니다. 아름다운 것들을 찾아다니고 나만을 위한 시간을 보낼 수 있어서 행복한 주말이었습니다. 앞으로도 이런 시간을 많이 달라는 마음을 담아 밤하늘에 타이베이의 추억을 띄워 보냅니다.

잃어버린 시간을

찾아서

한국

새벽녘 지리산 산속에 숨겨진 야생 차밭에 올라갔습니다. 듬성듬성 난 대나무가 차나무들이 자라기 좋은 적당한 그늘을 만들어줍니다. 사선으로 떠오르던 햇빛이 갓 돋아난 차 싹에 닿아 반짝입니다. 바람이 붑니다. 대나무들이 일제히 흔들리는 소리가 들립니다. 비현실적인 빛과 소리에 순간 벅찬 기분이 듭니다. 이곳의 차나무들은 매일 이런 눈부신 아침을 맞이하겠구나. 이렇게 아름다운 곳에서 자란 차가 귀하지 않을 수 있을까. 도시로 돌아가도 잊을 수 없을 차와 나의 순간입니다.

'차'라는 식물은 신령하다고들 말합니다. 그만큼 차나무는 아무 곳에서나 자라지 않습니다. 중국, 인도, 스리랑카, 아프리카, 일본, 베트남이 주요 산지인데 우리나라 남쪽 땅에도 차나무가 자랍니다. 우리나라 사람들이 차를 마신 것은 삼국시대부터라고 합니다. 우리 땅에 우리 차나무가 자라다니 참 고마운 일입니다.

우리 차가 있는데도 한국의 차에 대해 가장 늦게 관심을 가졌고 제대로 알기도 힘들었습니다. 가장 많이 마시는 녹차마저 중국이나 일본 녹차와 우리 차가 어떻게 다른지 말하기 어렵더군요. 나만 그런 것이 아니라 제대로 알고 있는 사람이 드뭅니다.

조선시대에 불교를 배척하며, 또 일제강점기를 거치면서 우리 차는 여러 번 맥이 끊겼습니다. 그래서 우리는 조상들이 어떤 차를 마셨는지 추정하고 복원해야 합니다. 다행히 더 아름다운 우리 차를 만들기 위해 고고학자처럼 잃어버린 차의 시간을 끈질기게 찾는 사람들이 있습니다. 그런 노력들을 소개하고 싶습니다.

전라남도 순천 · 동춘차　　　　　　　　차의 맥을 잇는 사람

찻잎은 어찌 되었을까. 문득 감나무 가지를 살펴본다.
작디작은 맹아(萌芽)가 겨우 겨울 꿈에서 깨어난 듯
푸시시 고개를 들었다. 몇 해 전인가, 우연히 감잎이 피는 시기가
찻잎과 비슷하다는 것을 알았다.

박동춘, 「우리시대 동다송」[7]

평소에는 서울 운니동의 연구실에 계시다 봄이 되면 선생님은 순천의 차밭으로 내려갑니다. 창밖의 감나무를 보며 남쪽에 두고 온 차나무를 생각하겠지요. 그 마음이 생각나 참 좋아하는 구절입니다. 일본 다도에 센 리큐(千利休) 선사가 있다면 우리나라 다도는 조선 후기 초의선사(艸衣禪師)가 정립했다고 합니다. 동아시아 차문화연구소 박동춘 선생님은 1970년대부터 초의선사의 차를 연구하고

이어왔습니다. 차만 복원하는 것이 아니라 차의 정신과 문화까지 살려 알리고자 노력합니다. 전라남도 순천 깊은 산 옛 절터가 있는 곳에 야생 차나무 숲이 숨겨져 있습니다. 임진왜란 이후 방치돼 있던 이곳을 40년 전부터 선생님이 관리하고 있습니다. 감나무 잎이 필 무렵 첫물 차를 만드는 현장을 찾았습니다.

모든 것을 사람 손으로 합니다. 가파른 산에 올라가 야생 차나무의 싹과 여린 잎을 손으로 따고 못 먹는 잎을 하나하나 골라냅니다. 오후가 되면 머리가 하얗게 센 선생님이 손가락에 붕대를 감고 뜨거운 무쇠솥에 맨손으로 차를 덖습니다. 그래야 온도를 미세하게 느낄 수 있습니다.

― 불이 조금 세요.

이천에서 오신 도예가 선생님이 장작을 종류별로 넣어가며 가마 온도를 손수 조절합니다. 박동춘 선생님이 맨손을 가마솥에 넣는 모습을 보는 내내 조마조마합니다. 이렇게 덖어낸 차를 강하게 비비는 작업, 다시 펴서 말리고 한 번 더 불에 익히는 작업까지 모든 것을 손으로 합니다.

순천 집에도 감나무가 있습니다. 대청 너머 감나무가 보이는 소박한 한옥 차방에서 선생님이 전날 만든 차를 내려주십니다. 청자 잔이 따뜻해지는 감촉이 좋습니다. 동춘차는 녹차의 날 선 떫은맛이 없고 섬세하게 여러 가지 맛이 차례로 느껴집니다.

― 내가 이런 차를 만들었구나.

차를 마셔본 선생님이 나긋이 말씀하십니다. 자랑 아닌 솔직한 감탄입니다. 그 목소리가 은은히 기억에 남습니다.

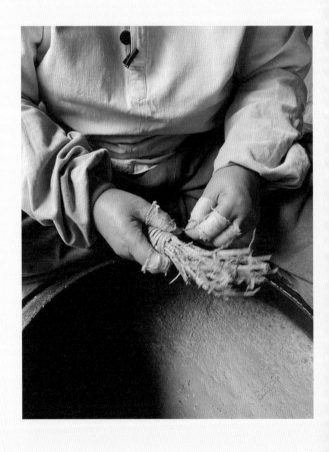

남원에 가면 억새로 지붕을 인 커다란 초가에 사는 차농이 있습니다. 매월당이라고 불리는 신목 선생님의 집입니다. 첫인상이 마치 산신령 같습니다.

남원의 보련산, 나주의 식산, 곡성 설산 등을 돌며 직접 야생 찻잎을 채취합니다. 찻잎을 무쇠솥에 덖어 틀에 넣고 동그란 공처럼 만든 뒤 항아리에 넣고 햇볕에 차를 굽습니다. 단단하게 눌린 차 덩어리가 발효되어 은은한 찻잎 향기를 품으며 익어갑니다. '고려단차'라고 부르는, 우리나라에서 쉽게 보기 힘든 차입니다.

신목 선생님은 32세에 누군가 준 야생차를 마셔보고 흠뻑 반해서 그 길로 차 만드는 일에 들어섰다고 합니다. 보련산 계곡 뒤에 차나무가 있다는 말을 듣고 찾아가서 처음 차나무를 접했을 때 손이 부들부들 떨렸다고 말하는 선생님의 눈빛은 여전히 순수합니다.

그는 거창한 비법 대신 성실함과 깔끔함을 자랑합니다. 찻잎에 먼지 하나 없게 하겠다며 수십 번을 손수 키질합니다. 봄부터 여름에는 부지런히 산을 돌아다니며 야생 찻잎을 따고, 정성스럽게 제다합니다. 가을에는 억새를 베어서 초가를 잇고 차를 만드는 집을 보수합니다. 겨울에도 쉬지 않고 숙성 차를 연구하고 후배들과 차인들을 교육합니다. 불을 계속 만져서 손을 제대로 못 구부립니다. 허리가 아파 앉을 때도 항상 무릎을 꿇고 있습니다. 그 모습이 마치 겸손한 구도자 같습니다. 차가 무엇이길래 이렇게 1년 내내 열심인 것일까요.

그래서 신목 선생님의 차는 지금도 맑고 훌륭하지만 앞으로 더 기대됩니다. 매년 그의 차는 더 아름다워질 것 같습니다. 사람이 사는 곳보다 좋은 자연에서만 훌륭하게 자라는 찻잎의 본성과, 성실하게 만들어야 맛있어지는 제다의 본질. 이 두 가지를 끊임없이 추구하는 차인들을 응원하고 싶습니다. 영혼을 담아 만드는 차의 가치를 알아주는 사람들도 많아져야 잃어버린 우리 차의 시간을 찾을 수 있지 않을까요.

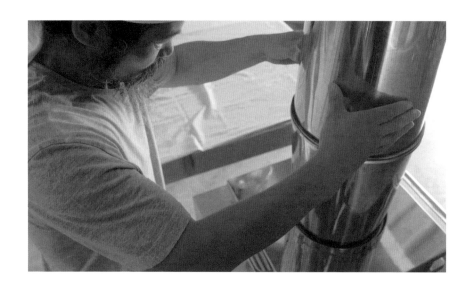

다시 차의 위로 :
자신의 마음을 위로하는 사람 옆에는
차가 있습니다.

모든 것에는 여백이 있어야 아름답습니다. 너와 나
의 관계도 그렇죠. 때로 쉴 틈 없이 달려가는 마음
이 거리 두기를 어렵게 합니다. 그럴 때 한 잔의 찻잔
속으로 도망칩니다. 따뜻한 잔의 온도를 손바닥으
로 느끼며 눈을 감습니다.
타인의 사소한 말과 행동을 선명하게 기억하는 내
가 보입니다. 예민한 성격에 혼자 힘들어하는 내가
좀 안타깝습니다. 아직 식지 않은 찻물을 마시고 숨
을 크게 쉽니다. 알 수도 없고 바꿀 수도 없는 타인의
마음에서 그만 허우적대고 내 안으로 돌아오라고
조용히 다독입니다. 나를 제대로 위로할 수 있는 것
은 결국 나라고, 혼자 차 마시는 시간이 알려줍니다.

다시 차의 시간 :
혼자도 좋지만 여럿이 함께하는 차의 시간은
구름이 흘러가듯 편안합니다.

기자 생활을 하다 보니 술자리 대화가 많습니다. 가끔은 세대 차이가 나거나 공통 관심사가 적은 분들과 친해질 기회를 만들기 위해 술자리를 가지기도 합니다. 취기가 살짝 오른 상태에서도 재기발랄함을 유지하며 대화 소재가 떨어지지 않도록 노력합니다. 뒤풀이나 친목회라는 이름으로 즐기는 자리지만 몸과 마음은 긴장하고 있습니다. 이런 태도가 프로 의식이라고 생각했지만 술자리 대화에만 의지하는 우정은 오래가지 못하는 경우가 많았습니다.

찻자리의 대화는 다릅니다. 처음 차 선생님과 만난 날 밤, 꿈에 그날의 대화 소리가 다시 들렸습니다. 대화 내용이 들리는 것이 아니라 도란도란 차분한 목소리가 음악처럼 귀에 울렸습니다. 선생님의 낮은 음성과 조용하면서도 흥미로웠던 찻자리 분위기가 무의식에 남을 만큼 인상적이었나 봅니다.

찻자리의 대화는 목적이 없어도 됩니다. 차의 이야기로 충분합니다.

— 오늘은 어떤 차를 내려볼까.

— 찻잎의 양을 조금 다르게 해보자.

— 자사호 바닥에 이런 글이 쓰여 있다.

— 세 번째 내린 찻물이 가장 맛있다.

차를 우리고 마시는 동안 계속해서 소재가 피어나고, 낯선 이와 함께해도 오래 알고 지낸 듯 아늑한 시간이 흘러갑니다.

다시 차의 공간 :
혼자 조용히 글을 쓰고, 가끔 지인을 한두 명 불러
차를 내려줄 수 있는 공간.

결국 일을 냈습니다. 얼마 전 집 근처에 작은 사무실을 얻었습니다. 식물을 마음껏 키울 수 있는 테라스가 마음에 들었습니다. 10평도 안 되는 공간에 작은 다실을 꾸미는데 고민할 것이 너무 많습니다.

다구를 놓으려면 가구는 빈티지한 느낌이 좋을까, 시멘트 천장에 어울리는 모던한 디자인을 고를까? 집에 있는 할아버지의 그림 중 무엇을 가져다 놓을까? 어떤 고운 식물이 이번 겨울을 잘 날까?

평생 살 집을 꾸미는 것도 아닌데 사소한 것 하나하나에 골머리를 싸매고 있습니다.

차를 마시면서 듣는 음악을 구분하게 되고 평소에 허전하던 벽에 차 생활에 어울리는 그림을 장식하게 됩니다. 뜰에 피어난 꽃 한 줌을 화병에 꽂기도 합니다.

이상균, 「당신에게 차를 권하다」[8]

'한 가정 한 차실 만들기' 운동을 했다는 선생님의 이야기입니다. 차는 아름답고 섬세한 취향이라 다른 생활까지 가꾸게 되나 봅니다. 매일 친구들과 모임을 만들고 선술집을 쏘다니다 보니 부모님께 집은 하숙집이냐는 핀잔을 들었던 나입니다. 그때보다 나이가 많이 든 것도 아닌데 생경한 모습을 갖게 되었습니다. 혼자만의 차실을 꾸며보겠다고 남천 나뭇가지를 진지하게 손질하고 있습니다. 테라스 나뭇잎에 가을이 왔다고 기뻐하고 또 아쉬워하며 날씨에 어울리는 찻잎을 고릅니다. '취향'이라는 단어를 다시 한번 생각합니다. 차라는 취향이 나를 새로운 방향으로 이끄는 것은 분명합니다.

○ 인용 및 참고 문헌

P.11   1) Elaine N. Aron, 「The Highly Sensitive Person : How to Thrive When the World Overwhelms You」, Broadway Books, 1997
매우 예민한 사람(Highly Sensitive Person)은 외부 자극에 미묘한 차이를 인식하고 자극적인 환경에 쉽게 압도당하는 민감한 신경 시스템을 가지고 있는 사람들을 의미한다. 인구의 15~20퍼센트가 이런 성향을 갖고 있다.

P.22   2) 법정, 「텅 빈 충만」, 샘터사, 2001

P.57   3) 김남조, 「설일」, 문원사, 1971

P.76   4) 최진영·이주향·이연정, 「구구절절 차 이야기」, 이른아침, 2019, p.301
차를 마실 때 왼손은 찻잔을 받치고 오른 손은 찻잔을 잡는데, 세상의 음료 중 두 손으로 자신에게 권하는 음료는 차가 유일하다.

P.123   5) 김경우, 「골동보이차」, 차와문화, 2020, p.155
홍인은 현재 보이차 시장에서 독보적인 위치를 차지하고 있지만, 생산 당시에는 맛이 너무 쓰고 강하여 소비자로부터 외면을 당했다. 홍콩의 명항차창 진덕(陳德) 대표는 "당시에는 산차를 구입할 때 홍인을 주기도 했다. 지금으로 말하면 밀어내기 혹은 원플러스원 one plus one이었던 셈이다"라고 말한다.

그 시대 외면을 당했기에 남인철병과 더불어 현존 수량이 가장 많은 단일품목이 될 수 있었으며 발효의 중요성을 엿볼 수 있는 중요한 교재가 될 수 있는 차이다.

P.138   6) 박홍관, 「중국에 차 마시러 가자」, 제이앤제이제이, 2018, p.14

운남성은 '민족 전시장'이라고 일컬을 만큼 다양한 소수 민족이 살고 있다. 중국 정부에서 공인한 55개 소수 민족 중 25개 민족이 운남에 살고 있는데, (중략) 이중 서쌍판납 지역은 태족 자치주로서 전체 인구는 120만 전후이다. (중략) 한족 40만, 태족 35만, 하니족 20만 명 정도와 기타 포랑족, 라후족, 이족 등 십여 개의 소수민족이 골짝골짝에 흩어져 살고 있다.

P.184   7) 박동춘, 「우리시대 동다송」, 북성재, 2013, p.42

P.197   8) 이상균, 「당신에게 차를 권하다」, 오픈하우스, 2012, p.173

차생활자가 전하는 열두 달의 차 레시피

차라는 취향을 가꾸고 있습니다

초판 발행 2020년 11월 30일
초판 2쇄 2021년 1월 11일
글 여인선 | **사진** 이현재
발행인 이종원
발행처 (주)도서출판 길벗 | **출판사 등록일** 1990년 12월 24일
주소 서울시 마포구 월드컵로 10길 56(서교동)
대표 전화 02-332-0931 | **팩스** 02-323-0586
홈페이지 www.gilbut.co.kr | **이메일** gilbut@gilbut.co.kr

편집팀장 민보람 | **기획 및 책임 편집** 백혜성(hsbaek@gilbut.co.kr)
제작 이준호·손일순·이진혁 | **영업마케팅** 한준희 | **웹마케팅** 이정·김진영
영업관리 김명자 | **독자지원** 송혜란·윤정아

디자인 아치울 스튜디오 | **교정** 추지영 | **CTP 출력·인쇄** 두경M&P | **제본** 경문제책

979-11-6521-341-1(13590)
(길벗 도서번호 020144)

© 여인선·이현재

정가 13,500원

독자의 1초를 아껴주는 정성 길벗출판사
길벗 | IT실용서·IT/일반 수험서·IT전문서·경제실용서·취미실용서·건강실용서·자녀교육서
더퀘스트 | 인문교양서·비즈니스서
길벗이지톡 | 어학단행본·어학수험서
길벗스쿨 | 국어학습서·수학학습서·유아학습서·어학학습서·어린이교양서·교과서
페이스북. www.facebook.com/gilbutzigy | 트위터. www.twitter.com/gilbutzigy